Katrin Ziewers, Rebekka Stromberger

Umweltdegradation und adaptives Management subsaharischer Savannensysteme

GRIN Verlag

Bibliografische Information der Deutschen Nationalbibliothek:

Die Deutsche Bibliothek verzeichnet diese Publikation in der Deutschen Nationalbibliografie; detaillierte bibliografische Daten sind im Internet über http://dnb.d-nb.de/ abrufbar.

Impressum:

Druck und Bindung: Books on Demand GmbH, Norderstedt Germany
ISBN: 978-3-656-31561-2

Dieses Buch bei GRIN:

http://www.grin.com/de/e-book/204808/umweltdegradation-und-adaptives-management-subsaharischer-savannensysteme

Friedrich-Alexander-Universität Erlangen-Nürnberg
Institut für Geographie

Wintersemester 2011/2012

Hauptseminar KG: Umkämpfte Räume, umstrittene Ordnungen, Umbruch und Stabilität im südlichen Afrika

Umweltdegradation und adaptives Management subsaharischer Savannensysteme

---

Rebekka Stromberger

Ziewers Katrin

INHALTSVERZEICHNIS

Tabellenverzeichnis

Abbildungsverzeichnis

1 Einführung in die Thematik und Problemdarstellung

Weltweit wird Land zu einer zunehmend wichtigeren Ressource besonders im Rahmen der Ernährungssicherheit. Zur Jahrtausendwende gehörte Namibia zu den Ländern, die mit erheblichen Problemen hinsichtlich der Nahrungsmittelversorgung ihrer Bevölkerung zu kämpften hatten. Landknappheit und mangelnde Ernährungssicherheit beruht nicht allein auf dem enormen Bevölkerungswachstum, sondern entspringt hauptsächlich dem Rückgang der Flächenproduktivität als Folge zahlreicher Degradationsprozesse. Das Ausmaß der weltweiten Verbreitung von Degradierungs- und Desertifikationsschäden betraf bereits 1995 circa „ein Sechstel der Weltbevölkerung und ein Viertel der gesamten Landoberfläche der Erde" (HORNETZ & JÄTZOLD 2003: 129), wobei davon ausgegangen werden muss, dass circa 73% aller Flächen weltweit unter extensiver Weidenutzung als degradiert bezeichnet werden können (Hornetz & Jätzold 2003: 129). Bodenerosion ist bereits in den 1930er Jahren als „Geißel Afrikas" (JÜRGENS & BÄHR 2002: 289) bezeichnet worden und bildet bis in die Gegenwart hinein ein Problem enormen Ausmaßes.

Dieser Befund führt sehr deutlich vor Augen, dass Umweltdegradation eine Thematik von bedeutender sozialer sowie geographischer Relevanz darstellt, da Menschen in Folge der Degradation ihre Existenzgrundlage verlieren. Die Prozesse und Folgen von Landdegradation zählen deshalb zu den wichtigsten geographischen Problemfeldern der Gegenwart. Anhand dieser Arbeit sollen daher die Ursachen von Degradation und deren langfristige Folgen am Beispiel von Namibia näher betrachtet werden. Bevor allerdings auf die Ursachen von Umweltdegradation in subsaharischen Savannensystemen eingegangen werden kann, muss in einem ersten Schritt die Savannenökologie beschrieben werden. Die Kenntnis über naturräumliche Voraussetzungen der Savannenökosysteme und deren Nutzungspotential bildet die Grundlage für das Verständnis der in den subsaharischen Savannen vorherrschenden Degradationserscheinungen. Im darauffolgenden Kapitel werden Lösungsmaßnahmen des adaptiven Managements vorgestellt, welche ergriffen werden können, um die Problematik der Umweltdegradation einzudämmen. Absicht dieser Arbeit ist es außerdem die komplexen Wirkungszusammenhänge vor Ort aufzuzeigen, um anschließend tragfähige und nachhaltige Beweidungskonzepte zu entwickeln, sodass die Lebenssituation der Einheimischen aufgewertet und verbessert werden kann.

2 Subsaharische Savannensysteme

Generell wird die Bezeichnung *Savanne* für „Pflanzenformationen der wechselfeuchten Tropen“ (IBRAHIM 1984: 145), welche aus Gras- und Baumvegetation bestehen, herangezogen. Die Savannenvegetation ist somit an einen wechselnden Wasserhaushalt angepasst (IBRAHIM 1984: 145). WALTER & BRECKLE bezeichnen Savannen als eine tropisch homogene Pflanzengesellschaft, in der Gehölzpflanzen „zerstreut in einer mehr oder weniger geschlossenen Grasschicht mit einigen Kräutern stehen“ (WAGENSEIL 2002: 1 zit. n. BRECKLE und WALTER 1999). Savannen bilden den größten vegetationsbestimmten Landschaftsgürtel der Welt (Jätzold 1985: 6) und bedecken ca. 20% der Landoberfläche der Erde (WAHL 2003). Ein charakteristisches Merkmal für Savannensysteme ist ihr äußerst gegensätzliches Aussehen zu unterschiedlichen Jahreszeiten. Zur Regenzeit weisen die Gehölze grüne Belaubung und eine hohe Bioproduktion auf, wohingegen in der Trockenzeit ein Großteil der überirdischen Pflanzenteile abstirbt oder kahl wird. Die zwei ausschlaggebenden Faktoren, welche die Struktur und die Zusammensetzung von Savannenökosystemen beeinflussen, sind einerseits die Herbivorie und andererseits Feuer (WALTHER 2002: 131). Kennzeichnend für Savannen ist außerdem die Koexistenz von Gehölzen und Gräsern (SAMIMI & WAGENSEIL 2007: 325). Der Grenzverlauf zwischen Savanne und Wald wird weitgehend künstlich aufrechterhalten. Aus ökologischer Perspektive gewährt nämlich das vorherrschende Savannenklima die Entstehung von Wald. Savannen bilden also kein natürliches Ökosystem, sondern stellen Degradationsformen ursprünglicher Trocken- und Feuchtwälder dar. Für diese Entwicklung sind immer wieder auftretende Brände und anthropogene Eingriffe verantwortlich (IBRAHIM 1984: 146). Als problematisch gilt die Tatsache, dass die Terminologie der Savannentypen und deren Abgrenzung auf globaler Ebene wissenschaftlich nicht einheitlich ist. Übergänge zwischen den einzelnen Savannentypen sind oft nicht eindeutig definierbar, sodass Mischtypen der Savannen entstehen. Das folgende Kapitel soll nichtsdestotrotz anhand einer gezielt ausgewählten Klassifikation die Merkmale der verschiedenen Savannentypen herausstellen und deren Verbreitung näher zu beschreiben.

2.1 Verbreitung und Abgrenzung

Generell erstrecken sich die Savannen innerhalb eines breiten Gürtels zwischen dem tropischen Regenwald und den Wüsten entlang der Wendekreise. Der Vegetationsgürtel der Savannen schließt sich nördlich und südlich des Äquators direkt an den tropischen Regenwald an und verläuft bis zu den Wüstengebieten (WAHL 2003: 4). Im Zuge der Abgrenzung verschiedener Savannensysteme griffen die Autoren häufig auf unterschiedliche Klassifikationen und Definitionen zurück. Im deutschen Sprachraum etablierte sich seit 1945 die von F.

JAEGER verwendete Nomenklatur „Feuchtsavanne“, „Trockensavanne“ und „Dornstrauchsavanne“ (IBRAHIM 1984: 145). JAEGERS Definition und Savannenbegriff ist sehr weit gefasst und umfasst alle Ökosysteme zwischen den Trockengebieten und dem immergrünen Regenwald (IBRAHIM 1984: 146). Folgende Abbildung 1 bietet einen Überlick über die ökozonale Gliederung von Subsahara-Afrika und grenzt zudem die einzelnen Savannentypen voneinander ab. Die sommerfeuchten Tropen, welche Feucht- und Trockensavannen beinhalten, schließen sich direkt an die tropischen Regenwälder im Äquatorbereich an. Biogeographen definieren die „Zone der feuchten und trockenen Savannen“ (KEMPF 1994: 25) als Zonobiom II mit humido-aridem Klima. Die Dornstrauchsavanne gehört zu den subtropischen Trockengebieten (KEMPF 1994: 25).

Abb. 1: Verbreitung der Savannen.
Quelle: KEHL, H. (2011)/TU Berlin.
http://lv-twk.oekosys.tu-berlin.de/project/lv-twk/ (07.12.11).

JAEGERS Unterteilung der einzelnen Savannentypen beruht auf der absoluten Niederschlagsmenge und der Anzahl der humiden Monate. Es handelt sich daher um eine hygrische Gliederung. Beispielfotos für die im Folgenden beschriebenen Savannentypen finden sich zur Veranschaulichung im Anhang (siehe Anhang 7.1, 7.2, 7.3).

Die Feuchtsavanne wird synonym auch als subhumide Savanne klassifiziert. Sie zeichnet sich durch durchschnittliche Jahresniederschlagswerte von 1100 mm – 1600 mm aus, welche innerhalb der Regenzeiten fallen. Die Anzahl humider Monate schwankt zwischen 7 und 9,5 Monaten. Insgesamt stellt sich die Niederschlagsvariabilität in der Feuchtsavanne mit unter 20% als vergleichsweise gering heraus. Die Jahresdurchschnittstemperatur befindet sich bei ca. 27°C und generell sind die Temperaturschwankungen zwischen den Jahren geringer als Tag-Nacht-Unterschiede, bzw. die Tagesamplitude. Die Trockensavanne kann mit lediglich 4,5 - 6,5 humiden Monaten auch als semi-aride Savanne bezeichnet werden. Innerhalb der Trockensavanne betragen die Niederschläge zwischen ca. 900 mm – 1100 mm und die Niederschlagsvariabilität liegt bei ca. 25% (IBRAHIM 1984: 147). Die Dornstrauchsavanne bildet ein Beispiel für die aride Savanne. In der Dornstrauchsavanne herrschen höchstens 4,5 humide Monate (Hornetz & Jätzold 2003: 36) vor. Allerdings können auch Jahre mit enormen Dürren vorkommen, in denen kein humider Monat zu verzeichnen ist. Jährlich fallen ca. 100 mm – 400 mm Niederschlag und die Niederschlagsvariabilität liegt sogar bei 40% im langjährigen Durchschnitt (IBRAHIM 1984: 147). Folgende Tabelle 1 soll abschließend nochmals auf den vorliegenden Gradient hinweisen und die ansteigenden Niederschläge von der Dornstrauchsavanne bis zur Feuchtsavanne verdeutlichen.

Tab. 1: Untergliederung der Savannentypen.
Quelle: Eigene Erstellung basierend auf den Autoren IBRAHIM, F. N., HORNETZ, B. und R. JÄTZOLD.

Feuchtsavanne	**Trockensavanne**	**Dornstrauchsavanne**
• 1100mm – 1600mm • 7- 9,5 humide Monate • relativ geringe Niederschlagsvariabilität	• 900mm – 1100mm • 4,5- 6,5 humide Monate • Niederschlagsvariabilität ca. 25%	• 100mm – 400mm • 2- 4,5 humide Monate • Niederschlagsvariabilität bei ca. 40%
• direkt an tropischen Regenwald angrenzend • Bsp: Guinea Zone (WA)	• erstreckt sich zonal von ca. 12° - 18° Breite • Bsp: Sudanzone Afrikas	• Nordhalbkugel: 14° - 17° • Südhalbkugel: 19° - 22° • Bsp: Kalahari

Insgesamt befinden sich natürliche Savannen im „ökologischen Gleichgewicht zwischen ausdauernden Gräsern und Holzpflanzen, die sonst meistens als Antagonisten auftreten" (Walter 1963: 147). Für diese natürliche Balance ist der Wasserfaktor und vor allem der Wasserhaushalt von Gräsern und Gehölzen entscheidend. Diese Zusammenhänge werden im Rahmen der Naturraumausstattung von Savannenökosystemen in den folgenden Kapiteln eingehend erläutert.

2.2 Klima subsaharischer Savannensysteme

Die Savanne erstreckt sich in Afrika zwischen Wüste und tropischem Regenwald. Innerhalb dieser Zone ändern sich die klimatischen Gegebenheiten kontinuierlich von vollhumid in Äquatornähe zu vollarid an den Wendekreisen. Ein charakteristisches klimatisches Merkmal, welches alle Savannenökosysteme gemeinsam haben, stellt die ganzjährig hohe Sonneneinstrahlung dar (IBRAHIM 1984: 146). Savannen weisen ganzjährig eine positive Strahlungsbilanz und einen relativ ausgeglichenen Temperaturverlauf auf.

Generell herrscht in Subsahara-Afrika Tageszeitenklima vor. Dies bedeutet, dass die Tag-Nacht-Unterschiede deutlich höher als die jahreszeitlichen Abweichungen vom Monatsdurchschnitt sind. Insgesamt liegen alle monatlichen Durchschnittstemperaturen über 18°C (Schultz 2002: 250). Die Temperatur gilt in Savannen somit nirgends als limitierender Faktor, auch wenn das Hochland durchaus enorme Fröste erfahren kann. Auf Grund hoher Temperaturen in Kombination mit geringen oder sporadisch auftretenden Niederschlägen stellt sich die Evaporation in den Savannenökosystemen, vor allem in Dornstrauchsavannen, als enorm hoch heraus (WAHL 2003: 58).

Die Niederschläge in den Savannenökosysteme weisen oftmals eine hohe Intensität und starke Variabilität auf. Variabilität kann als die Abweichung vom langjährigen Mittelwert definiert werden. Die enorme Saisonalität der Niederschläge in den Savannen basiert auf der Wanderung des Zenitstandes der Sonne, welche sich zwischen dem nördlichen und dem südlichen Wendekreis bewegt. An dieser Wanderung der Sonne orientiert sich die äquatoriale Tiefdruckrinne, auch *Intertropical Convergence Zone* (ITC) genannt. Auf Grund ihrer überwiegenden Lage über dem Meer werden die feuchten Luftmassen der äquatorialen Zone erhitzt und gelangen weit in die Atmosphäre hinaus. Beim Aufsteigen dehnen sich die Luftmassen aus und kühlen ab, wodurch es zur Kondensation des Wasserdampfes und folglich zur Entstehung tropischen Zenitalregens kommt. Die Savannengebiete profitieren wegen der jahreszeitlichen Verschiebung der ITC regelmäßig in Form von Sommerregen von diesen Niederschlägen. Jedoch nimmt die Menge und Zuverlässigkeit mit zunehmender Entfernung vom Äquator ab, wodurch sich die klimatische Gliederung der Savannen ergibt (IBRAHIM 1984: 146).

Das südliche Afrika ist ganzjährig geprägt durch die Witterungsdynamik des subtropisch-randtropischen Hochdruckgürtels. Dieser Hochdruckgürtel umfasst das Südatlantikhoch, dessen Zentrum nahe der Westküste liegt, und das Südindikhoch, welches im Indischen Ozean lokalisiert werden kann (SAMIMI 2007: 48). Vor allem die Niederschlagsverteilung des südafrikanischen Subkontinents wird enorm durch die semi-permanenten Hochdruckzellen

des Subtropenhochs im Südatlantik und des Hochs im südlichen Indischen Ozean beeinflusst. Intensität und Niederschlagsvariabilität beruhen insgesamt auf einem komplexen Zusammenspiel verschiedener Subsysteme der atmosphärischen Zirkulation (WAHL 2003: 57).
Die vom Südatlantikhoch ausgehenden Südostpassate werden im Südsommer und im Südwinter umgelenkt. Auf diese Monsunwinde treffen passatische Luftmassen aus dem Osten, wodurch infolge von Konvektion intensive Niederschläge entstehen. Diese Konvergenzzone bildet die Kongoluftmassengrenze, welche zusammen mit der ITC das Klima des Südlichen Afrikas prägt. Im Südsommer verlagert sich die Kongo-Luftmasse südwärts, sodass sich Hitzetiefs über dem Inland des Kontinents bilden. Durch die enorme Erwärmung des Binnenhochlandes entsteht ein weiträumiges Hitzetief über dem Festland, in das feuchte äquatoriale Luft einströmt (WAGENSEIL 2002: 8). Die Luftmassen des über dem Ozean befindlichen Subtropenhochs werden Richtung Festland transportiert und sorgen dort in Kombination mit der in den Tiefdruckzellen stattfindenden Konvektion für Niederschlag (KRÜGER & SAMIMI 2010: 6). Auf dem afrikanischen Kontinent prallen folglich drei Luftmassen aufeinander. Diese „Zaire Air Boundary" erstreckt sich zwischen 15° und 20° südlicher Breite und weist hohe konvektive Niederschläge auf (WAGENSEIL 2002: 8). Diese Niederschläge fallen größtenteils in Form von Starkregenereignissen oder stürmischen Zenitalregen. Als Konsequenz dessen tritt häufig Erosion auf und die Variabilität der Niederschläge verstärkt die anthropogen initiierte Degradation (KEMPF 1994: 18).
Die Westküste Südafrikas, vor allem auf der Höhe Namibias, ist nahezu ganzjährig von dem stabilen, ortsfesten Südatlantikhoch mit absteigenden Luftbewegungen beeinflusst. Das Klima wird jedoch ebenso durch Meeresströmungen geprägt. Der Einfluss des Hochdruckgebiets vor der Küste und des kalten Benguela-Stroms, welcher küstenparallel antarktisches Tiefenwasser zum Äquator transportiert, verhindern die Entstehung von Steigungsregen. Der kalte Benguela-Strom, bei dem Tiefenwasser an die Oberfläche quillt, stabilisiert das Südatlantikhoch und somit ganzjährig die Druckverhältnisse an der Westküste. Zusätzlich sorgt der aus Südost kommende Passat für aride Verhältnisse. Folglich zeichnet sich die Namibische Westküste durch enorme Aridität aus. Richtung Landesmitte nimmt die Niederschlagsmenge zu (SAMIMI 2007: 48). Insgesamt stellt sich der Niederschlag als zeitlich und räumlich extrem variabel heraus, wodurch sich im Hinblick auf die im engen Zusammenhang mit der Niederschlagsmenge stehende Verwitterung, Pedogenese und Vegetation ein kleinräumiges Mosaik ergibt (MAURER 1995: 19). In den Subtropischen Savannengebieten fallen die Niederschläge vor allem in den Sommermonaten. Zu dieser Zeit können äußerst ergiebige Niederschläge verzeichnet werden, während im Südwinter Trockenheit herrscht (MAURER 1995: 31).

Im südlichen Afrika liegt zudem ein deutlicher Nord-Süd und West-Ost-Gradient hinsichtlich der Niederschlagsverteilung vor. Der durchschnittliche Jahresniederschlag nimmt von Nord nach Süd und von Ost nach West kontinuierlich ab. An dieser Stelle soll nochmals hervorgehoben werden, dass die Niederschläge nicht verlässlich fallen und dass die Variabilität als Hauptkennzeichen des Niederschlagregimes in Savannenökosystemen betrachtet werden kann. Generell gilt, dass in subsaharischen Savannenystemen häufig Wasser den limitierenden Faktor darstellt und somit die Zusammensetzung der Vegetationsdecke in enger Relation mit der Höhe der Jahresniederschlagsmenge steht. Genauer betrachtet spielt die Wasserbilanz, also das Verhältnis zwischen Niederschlägen und Verdunstung, die entscheidende Rolle (Walter 1963: 144). Die extreme Niederschlagsvariabilität und Saisonalität stellen typische Merkmale des südlichen Afrikas dar. Die Unterschiede im Niederschlagsregime wirken sich nicht nur lokal aus, sondern treten sowohl annuell, als auch interannuell auf. Die annuellen Niederschlagsschwankungen sind sehr hoch, sodass beispielsweise das Einsetzen der Regenzeiten oder der Beginn von Trockenperioden nicht exakt datiert werden können und stattdessen mit enormen Unterschieden zwischen den Jahren gerechnet werden muss. Vor allem in trockenen Jahren oder bei ausfallenden Niederschlägen, wirkt der Wind durch äolische Erosion, Transport und Ablagerungen direkt auf das Landschaftsbild ein. Heftige Winde, vor allem die trockenen Luftmassen aus Osten, können von Juli bis August als Staubstürme lokale Land-Degradation vorantreiben (KEMPF 1994: 18).

Insgesamt sind Generalisierungen hinsichtlich komplexer klimatischer Verhältnisse in Savannenökosystemen und die damit verbundene Einschätzung des Degradationspotentials äußerst schwierig. Hinsichtlich der Klimaeinteilung führt das beständige Beharren auf Zonalitätsprinzipien zu ungenauen Aussagen und erweist sich als inadäquat. Stattdessen müssen hinsichtlich einer Einschätzung der klimatischen Verhältnisse generell die spezifisch vor Ort herrschenden Gegebenheiten analysiert werden und eine kleinräumige Differenzierung angestrebt werden. Da die folgenden Kapitel zu Degradationserscheinungen und Lösungsansätzen sich am Länderbeispiel Namibia orientieren, soll die folgende Abbildung 2 zur Niederschlagsvariabilität, dem Hauptkennzeichen subsaharischer Savannenökosysteme, speziell einen Überblick über die spezifischen Verhältnisse hinsichtlich der Periodizität der Niederschläge in Namibia geben.

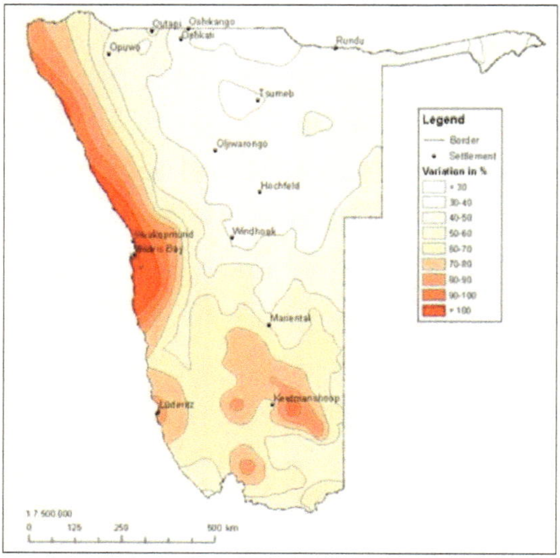

Abb. 2: Jährliche Niederschlagsschwankungen in Namibia.
Quelle: Universität Köln (2002).
http://www.uni-koeln.de/ (05.12.11).
Data source: Atlas of Namibia Project 2002;
Directorate of Environmental Affairs, Ministry of Environment and Tourism.

Das folgende Kapitel widmet sich den edaphischen Eigenschaften der Savannenökosysteme, da neben dem Klima vor allem die Bodenqualität maßgeblich die Vegetation und das Nutzungspotenzial der Savannen steuert.

2.3 Böden

Die Böden des subsaharischen Afrika, am Beispiel der Böden Namibias, sind generell durch zunehmende Flachgründigkeit mit sinkenden Niederschlagsgradienten charakterisiert. In Namibia sinkt dieser Gradient von Nordost nach Südwest des Landes. In der dominanten Masse sensibler und nur unbefriedigend landwirtschaftlich nutzbarer Böden gibt es vereinzelt dennoch Böden mit gutem landwirtschaftlichem Nutzpotenzial, die jedoch nur mit Hilfe einer angepassten Nutzung über Generationen hinweg kultiviert werden können. Folgende Karte (Abb. 3) gibt einen Überblick über die Bodenverhältnisse in Namibia und Botswana, deren Bodentypen nachfolgend im Einzelnen vorgestellt werden.

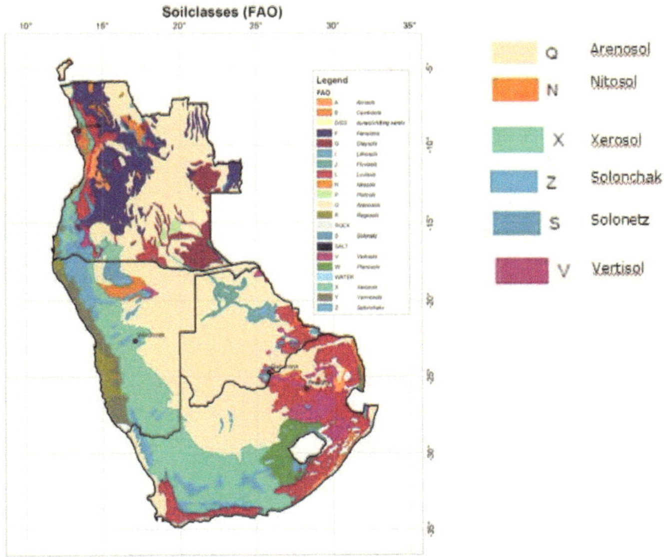

Abb. 3: Böden des subsaharischen Afrikas.
Quelle: Universität Köln (2002).
http://www.uni-koeln.de/sfb389/e/e1/index_d.htm (05.12.11).
Datengrundlage: FAO; The Digital Soil Map of the World.

Der dominierendste Boden ist der Arenosol, der wie sein Name besagt, aus sandigem Ausgangsgestein entstanden ist. Er besitzt eine humusarmen Ah Horizont und keinen diagnostischen B-Horizont, der C Horizont ist entweder verfestigter Sandstein oder akkumulierte Flugsande.

Abb. 4: Arenosol.
Quelle: ISRIC WORLD SOIL INFORMATION:
http://www.isric.org/sites/default/files/images/Rubi-Aridic_Arenosol_NA1.jpg (03.12.11).

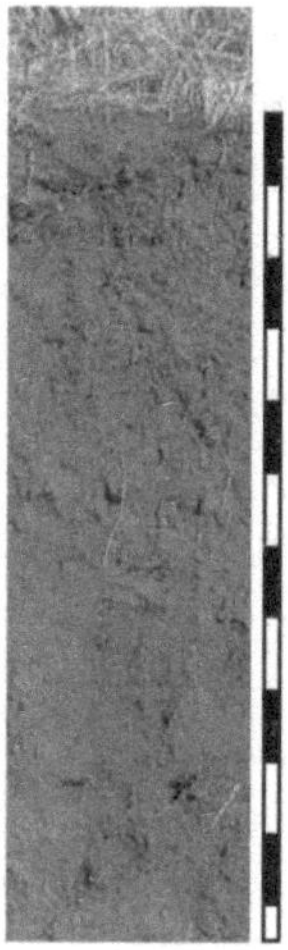

Der Nitisol* dagegen ist ein Boden silikatreichen Ausgangsgesteins, der der Rubefizierung durch Eisenoxide unterliegt, was seine charakteristisch rote Färbung erklärt. Er ist locker gelagert und sehr tiefgründig und durch seine hohe nutzbare Feldkapazität stellt er der Vegetation ausreichend Wasser zur Verfügung. Aufgrund dieser Eigenschaften und einem mittleren Nährstoffgehalt gehört der Nitisol zu den fruchtbarsten Böden der Tropen und Subtropen.

* in einigen Karten taucht der Name Nitosol auf, dies ist die Bezeichnung des Nitisols nach der alten FAO Klassifikation.

Abb. 5: Nitisol.
Quelle: SCHEFFER. F. und P. SCHACHTSCHABEL (2010): 355.

Ein anderer Bodentyp ist der Xerosol, ein Boden dessen Ausgangsmaterial vulkanische Tuffen, also Gesteine, die zu mehr als 75% aus Pyroklastika aller Korngrößen bestehen, sind und der durch Kieselsäure verfestigte Bänke mit Mächtigkeiten von 0,3m bis 1 m aufweist. Dies macht eine Kultivierung für den Feldbau unmöglich und so wird der Xerosol lediglich zur extensiven Weidewirtschaft genutzt.

Abb. 6: Xerosol.
Quelle: SCHEFFER. F. und P. SCHACHTSCHABEL (2010): 355.

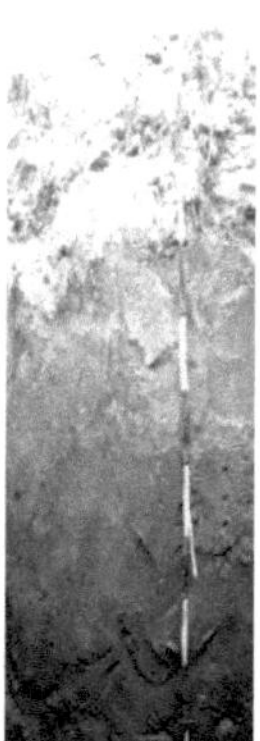

Vereinzelt sind in Namibia und Botswana auch Solontschaks oder Solonetze zu finden, dies sind Weiß- beziehungsweise Schwarzalkaliböden, die vor allem in (semi)ariden Gebieten der Erde zu finden sind. Dabei kann ein Solonetz durch Grundwasserabsenkung innerhalb eines Solontschaks entstehen. Durch ihre hohe Natriumbelegung der Bodenkolloide sind diese mobil und verlagern sich nach unten, sodass der B-Horizont ein charakteristisches Säulengefüge aufweist.

Abb. 7: Solonetz.
Quelle: ISRIC WORLD SOIL INFORMATION: http://www.isric.eu/sites/default/files/images/Cn14p.jpg (03.12.11).

Der Vertisol schließlich ist ein dunkler, tiefgründiger und humoser Boden, der trotz seines hohen Tonanteils und damit hoher nicht nutzbarer Feldkapazität als „Schwarzerde der Tropen“ bezeichnet wird.

Abb. 8: Vertisol.
Quelle: SCHEFFER. F. und P. SCHACHTSCHABEL (2010): 355.

Eine weitere Besonderheit der subsaharischen Böden ist der Ironstone, besser bekannt als Laterit. Dieser Boden weist einen eisen- und kaolinitreichen B-Horizont mit vielen Sesquioxiden und Quarzen auf. Charakteristisch ist seine geringe Wasserdurchlässigkeit durch Krustenbildung nach vielen Trockenperioden, was den Oberflächenabfluss erhöht und zu einer Wasserakkumulation vor allem in Senken führt.

Abb. 9: Ironstone.
Quelle: ISRIC WORLD SOIL INFORMATION: http://www.isric.eu/sites/default/files/images/Cn14p.jpg (03.12.11).

2.4 Vegetation

Typisch für das Ökosystem Savanne ist eine Graslandvegetation, in der einzelne Holzarten mosaikförmig angesiedelt sind und in ständiger Konkurrenz zu den dominierenden Grasarten stehen. Normalerweise schließt sich ein gleichzeitiges Vorhandensein von Gras- und Gehölzarten aus, da diese antagonistische Gegenspieler sind. In den Tropen trifft dieses aufgrund des Sommerregens nicht zu, der den bedingt durch das Wurzelsystem und den Wasserhaushalt herrschenden Gegensatz relativiert.

Während die Pflanzen der Grasvegetation ein feines, stark verzweigtes Wurzelsystem, mit dem sie ein geringes Bodenvolumen kompakt durchdringen, aufweisen, ist das der Gehölze ein gröberes, mit dem der Bodenkörper weitläufig in horizontaler und vertikaler Richtung durchwurzelt wird. Diese Unterschiede entspringen der Anpassung an verschiedene Bodentypen; Gräser haben sich dabei an feinsandige Böden in Sommerregengebieten angepasst, wohingegen Gehölze auf steinigen Böden der Sommer- *und* Winterregengebieten Fuß fassen können. In Winterregengebieten dominieren deswegen auch allein Gehölze- hier gibt es keine Grasvegetation. Die Unterschiede im Wasserhaushalt manifestieren sich folgendermaßen: Gräser transpirieren gleichermaßen während der Regenzeit als auch danach so lange bis die oberirdischen Pflanzenteile ausgetrocknet sind und lediglich das Wurzelsystem und der Spross die Trockenzeit, gut geschützt durch trockene Blattscheiden, überleben. Währenddessen wird auch die Photosynthese intensiv betrieben und viel organisches Material in kurzer Zeit produziert. Ein erneutes Wachstum setzt gleichzeitig mit der folgenden Regenzeit ein. Die Gehölzarten hingegen zeichnen sich durch einen gleichförmigen Wasserhaushalt aus, indem bei jeglichem Hinweis auf Austrocknung die Stomata zur Transpirationsreduktion geschlossen werden. Bei sich verstärkender Trockenheit wird zusätzlich Laub abgeworfen, so wie es während der Trockenzeit die Regel ist. Trotz dieser Anpassungsmechanismen weisen auch blattlose Sprossen eine geringe Wasserabgabe an die Umgebung - bedingt durch Transpiration - auf. Dies und die Unfähigkeit, die im Holz vorhandene Wassermenge als alleinigen Ausgleich gegenüber der herrschenden Trockenzeit nutzen zu können, forciert Gehölze, auch während einer Trockenzeit Wasser aus dem Boden aufzunehmen. Ist dieser vollständig ausgetrocknet oder das Wasser als nichtnutzbare Feldkapazität in Tonpartikeln gebunden, so vertrocknen Gehölze und sterben ab (BRECKLE & WALTER 1999: 188-189).

2.4.1 Die Feuchtsavanne

Die Feuchtsavanne stellt den feuchtesten Savannentypus der subsaharischen Savannen dar, weswegen hier intensiv grün gefärbte Gräser mit einer Höhe von bis zu 2 Metern charakteristisch sind (Abb. 10). Die Gehölzdichte ist geringer und aufgrund vieler Feuerereignisse erinnern die Gehölze in ihrem Aussehen an alte Besen. Darüber hinaus weisen die Gehölze aufgrund relativ geringen Trockenstresses noch große Blätter auf.

Abb. 10: Elefantengras – Pennisetum Purpureum.
Quelle: RAHMESWHWAR SPANDE: http://www.tropicalforages.info/ (06.12.11).

2.4.2 Die Trockensavanne

In der Trockensavanne sind Überreste der zuvor dominierenden Trockenwälder, wie Mopane- oder Miombowälder, zu finden. Aufgrund zunehmenden Trockenstresses weisen die Blätter der Gehölze bereits reduzierte Blattoberflächen als Transpirationsschutz und eine Tendenz zur Schirmform auf. Typische Baumarten sind Affenbrotbaum oder Tonnenbaum.

Abb. 11: Baobab.
Quelle: SCHIEMANN: http://www.schiemann-web.de (06.12.11).

Abb. 12: Tonnenbaum.
Quelle: http://static.cosmiq.de (06.12.11).

2.4.3 Die Dornstrauchsavanne

In der Dornstrauchsavanne ist der Trockenstress am größten, sodass die Gehölze eine ausgeprägte Schirmform und V- Wuchs zur Akkumulation von Niederschlägen aufweisen. Darüber hinaus wurde die Blattoberfläche insoweit verkleinert, als dass die meisten Gehölze Dornen statt Blätter ausgebildet haben. Die dominantesten Gehölze sind die Akazien (Abb. 13).

Abb. 13: *Acacia albida.*
Quelle: REMO NEMITZ: http://www.transafrika.org (06.12.11).

2.5 Naturraumpotenzial im Hinblick auf Nutzungs- und Entwicklungsmöglichkeiten

Die Dynamik der Savannen ist sehr komplex, da deren Vegetationsformationen extrem durch die Interaktion zwischen Niederschlag und edaphischen Gegebenheiten auf der einen Seite und dem aktuellen Nutzungsdruck auf der anderen Seite beeinflusst werden (SCHULTE 2002: 101). Insgesamt zeichnen sich Savannenökosysteme durch ihre Angepasstheit an äußerst variable Witterungsverhältnisse aus (WAHL 2003: 65). Die Ökosysteme der semi-ariden Zonen sind folglich durch eine hohe Adaptionsfähigkeit an die gegebene Niederschlagsvariabilität charakterisiert und somit relativ stabil hinsichtlich ihrer Regenerationsfähigkeit (MAURER 1995: 114). Die Savannenvegetation hat sich relativ gut an die semi-ariden Bedingungen angepasst und überdauert Trockenperioden, in denen keine Biomasseproduktion vonstatten geht, beispielsweise in Form von Samen (MAURER 1995: 26). Zudem weisen Savannen eine jahresdurchschnittlich relativ hohe Biomassen-Nettoproduktion auf (KEMPF 1994: 26). Insgesamt befindet sich der Naturraum dementsprechend ohne Eingriffe des wirtschaftenden Menschen im natürlichen Gleichgewicht und kann Störungen weitestgehend ausgleichen (MAURER 1995: 114). Savannenökosysteme gelten angesichts ihres naturräumlichen Potentials als eines der bedeutendsten Weidegebiete der Erde. Auf Grund der relativ günstigen Agrar- und Naturpotentiale mit Steppengräsern, Sträuchern und lockeren Gehölzbeständen (Dornbüsche, Akazien) weist die semi-aride Savanne im Vergleich zu benachbarten Ökozonen eine relativ hohe Bevölkerungsdichte und hohe Viehbestände auf (SAMIMI & NÜSSER 2006). Allerdings ist es für die Bevölkerung schwierig, unter unvorhersehbaren klimatischen Bedingungen und den kleinräumig differenzierten Umwelten, an natürliche Ressourcen angepasst zu wirtschaften (KER 1995: 123).

Das Ressourcenpotential kann zum Beispiel durch „mangelnde Kenntnis über das Leistungsvermögen des Naturraums im Falle der Inwertsetzung“ (MAURER 1995: 114) beeinträchtigt oder gar zerstört werden. Wirkt der anthropogene Einfluss zu stark auf das natürliche

Pufferungsvermögen ein, kommt es zur Gefährdung des Ökosystems. Dieser anthropogene Eingriff äußert sich beispielsweise in landwirtschaftlicher Übernutzung auf Grund von Bevölkerungskonzentration. Allerdings wirken sich auch die naturräumlichen Rahmenbedingungen einschränkend auf die Ressourcen und deren Nutzung aus. Der Wasserhaushalt gilt als Faktor mit dem höchsten Einfluss auf räumliche Verteilung und Produktivität der Savannenformation (WAHL 2003). Die Landwirtschaft in den Savannenökosystemen ist vor allem auf Grund der Niederschlagsvariabilität äußerst anfällig für Ernteausfälle oder Ertragseinbußen. Schwer prognostizierbare Niederschlagsmuster wirken sich extrem limitierend auf die Weideleistung und Planung aus (MAURER 1995: 116). Außerdem determinieren auch die Bodengüte und Bodenqualität durch Faktoren wie Nährstoffverfügbarkeit und Bodenwasserspeicherkapazität die Nutzungsverhältnisse (MAURER 1995: 114).

Insgesamt werden Savannen „in all ihren Determinanten als pulsierende, sich ständig ausdehnende und zusammenziehende Wirkungsgeflechte gesehen" (KEMPF 1994: 163). Zu den wichtigsten Determinanten, welche in Savannenökosystemen das Verhältnis von baumbestandenen und baumfreien Flächen bestimmen, gehören anthropogene Faktoren (Feuerholzgewinnung, Beweidung, Feldbau), Bodenwasserverfügbarkeit, die Nährstoffverfügbarkeit im Boden, Feuer und Herbivorie (Schultz 2002: 272). Diese Aufzählung unterstreicht die Tatsache, dass Degradation auf ein Gefüge von anthropogenen und natürlichen Faktoren zurückzuführen ist, welche im folgenden Kapitel näher beleuchtet werden.

3 Umweltdegradation in Namibia und ihre Folgen

Der Terminus „Degradation" ist lateinischen Ursprungs (degrado) und kann als Herabstufung eines Ökosystems auf einen niedrigeren Rang verstanden werden (KEMPF 1996: 127). Im Zusammenhang mit Ökosystemen wird Umweltdegradation als ein *Prozess* der Gleichgewichtsverschiebung innerhalb eines Ökosystems verstanden - nicht aber als ein stationärer Zustand (KEMPF 1994: 3). Diese Entwicklung impliziert noch keine menschliche Wertung, sondern bedeutet lediglich die „Verschiebung eines Gleichgewichtzustandes, eine Reaktion des Stoffhaushaltes auf den veränderten Einfluss von stabilisierenden Faktoren" (KEMPF 1994: 3). Land-Degradation beinhaltet eine anthropogen induzierte Transformation des natürlichen Ökosystems (KEMPF 1994: 3). Engere Definitionen von Degradation postulieren neben dem Aspekt der Veränderung auch den Aspekt einer konkreten Schädigung des Ökosystems. Degradierung meint dann im Allgemeinen eine Produktivitätsreduzierung und Verschiebung von Ökosystemen auf ein niedrigeres Niveau, verglichen mit der vorher festgelegten und definierten Ausgangslage oder Bezugsebene. Als Basis hierzu wird meist der Klimaxzustand von Böden oder Vegetation bestimmt (Hornetz & Jätzold 2003: 127). Eine

Degradation wird durch eine Störung verursacht, die wiederum endogen beziehungsweise exogen oder biotisch beziehungsweise abiotisch bedingt sein kann (Gibson 2009: 184). Land-Degradation ist ein Syndrom verschiedener, tiefgreifender Ursachen und wechselseitigen Beziehungen zwischen Natursystemen und Kultursystemen.

Es sei darauf hingewiesen, dass Degradation *nicht* mit Desertifikation gleichzusetzen ist, wie es in mancher Literatur getan wird; vielmehr ist die Desertifikation eine mögliche Form der Degradation. Im Folgenden sollen nun anhand des Länderbeispiels Namibia die Gründe und Ursachen für Degradation und zwei der häufigsten Formen von Degradationserscheinungen, nämlich Bodenerosion und Verbuschung (KEMPF 1994: 164), vorgestellt werden. Hierbei fokussieren wir nicht nur gegenwärtige Prozesse und Effekte, sondern decken auch in der Vergangenheit wurzelnde Probleme auf.

3.1 Ursachen der Umweltdegradation

Die Problematik der Land-Degradation in Savannen resultiert vor allem aus anthropogenem Missmanagement, während die naturräumlichen Voraussetzungen die Rahmenbedingungen bilden, welche Prozesse der Degradation beschleunigen. (MÜLLER-HOHENSTEIN 1981: 48). Aus diesem Grund werden im Folgenden sowohl anthropogene Wurzeln der Degradation in Savannen, als auch natürliche Ursachen thematisiert.

3.1.1 Historisch-sozioökonomische Voraussetzungen

Insgesamt stellen die Gründe für Degradation ein komplexes Ursachengefüge dar. Die folgende Mind-map (Abb. 14) verschafft einen ersten Eindruck über die Komplexität der Thematik. Die vorgeschlagene Trennung in anthropogene und natürliche Ursachen ist in der Realität eigentlich nicht möglich, da sich die verschiedenen Ursachen gegenseitig bedingen und zur Folge haben. Zum Zwecke der Übersichtlichkeit und Veranschaulichung jedoch soll die Mind-map die Ausgangslage für die kontinuierlich zunehmenden Degradationserscheinungen präsentieren: Koloniale Erschließung, Bevölkerungswachstum und Sesshaftwerdung. Selbstverständlich sind Degradationserscheinungen nicht allein durch Bevölkerungsexplosion zu erklären, allerdings resultieren aus der enormen Bevölkerungszunahme viele Folgen oder Prozesse, welche Degradation verursachen. Der auf Grund der zunehmenden Bevölkerung initiierte Nutzungsdruck wird außerdem durch externe auf die Landnutzungssysteme einflussnehmende ökonomische, soziale, politische und technologische Faktoren erhöht (Hornetz & Jätzold 2003: 128).

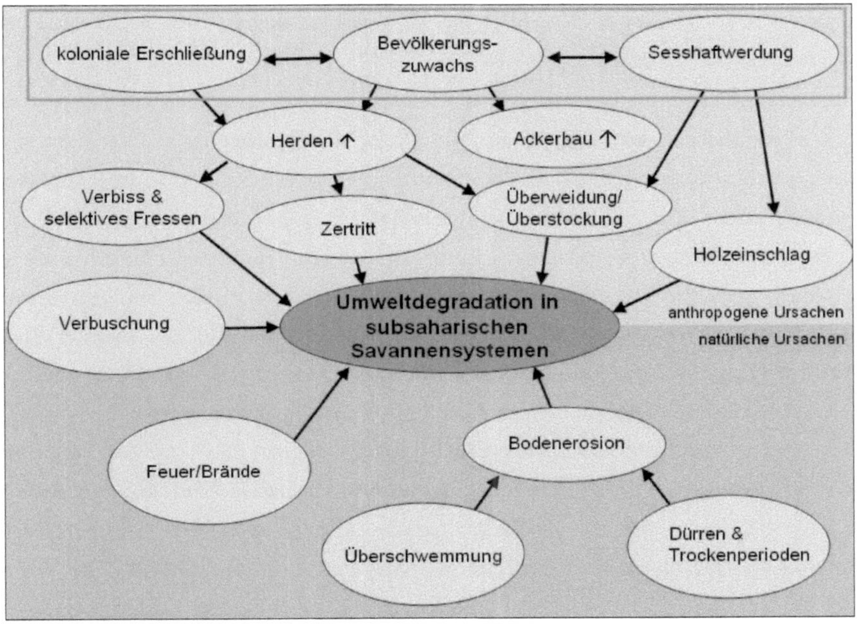

Abb. 14: Ursachengefüge für Degradation.
Quelle: Eigene Erstellung (19.09.11).

Im Folgenden werden einige sozioökonomische Ursachen für die kontinuierlich zunehmenden Degradationserscheinungen beschrieben. Diese Gründe haben ihren Ursprung zwar in der Vergangenheit, prägen das Land jedoch gegenwärtig noch immer.

Die ursprünglichen Landnutzer Namibias, deren Nachfahren heutzutage unter der Bezeichnung San subsumiert werden, bewirtschafteten als Wildbeuter das Land mit der größtmöglichen Flexibilität (KEMPF 1996: 275). Auf Grund nomadischer Flexibilität und räumlicher Mobilität der Bevölkerung wurde die Savanne ökologisch optimal gleichmäßig beweidet und es entstanden lediglich seltene Überweidungsschäden nahe der Wassertränken (WAHL 2003: 158). Die nomadische und semi-nomadische Weidewirtschaft gilt prinzipiell als die am besten angepasste Landnutzung für die Savanne. Bis ca. 1900 war Südwestafrika noch verhältnismäßig spärlich besiedelt und die Naturlandschaft war von der indigenen Bevölkerung kaum verändert oder überprägt worden. Die Kleinbauern konnten in Trockenperioden und Dürren auf bisher ungenutzte Gebiete ausweichen, damit die beanspruchten Graslandschaften genug Zeit zur Erholung und Regeneration hatten (Ker 1995: 7). Somit wurde die Landschaft nachhaltig nicht geschädigt (BÄHR 1968: 11). Seit der Jahrhundertwende jedoch zeichnet sich ein enormes Bevölkerungswachstum ab. Der Anstieg des Bevölkerungswachstums in Subsahara-Afrika stellt auch heute noch mit 3,2 % jährlich eine der höchsten Zuwachsraten der Erde dar (Ker 1995: 3).

Den Auslöser für Degradation bildete der Übergang von traditioneller, angepasster Nutzung zur *Übernutzung*, welche hauptsächlich im Anstieg der Bevölkerung und der Expansion landwirtschaftlich genutzter Flächen begründet liegt (SCHULTE 2002: 113). Insgesamt lässt sich die starke Bevölkerungszunahme in den Trockengebieten durch das Wachstum der lokalen ortsansässigen Bevölkerung und die Zuwanderung europäischer Siedler erklären (Hornetz & Jätzold 2003: 101). Erst mit der Expansion europäischen Siedlungsgebietes begann die Umgestaltung der Landschaft und der Wandel hinsichtlich der Bewirtschaftung bzw. der Landnutzung (BÄHR 1968: 122). So wurde beispielsweise die frühere Strategie gegen Dürren, eine größtmögliche räumliche Streuung des Viehbestands durch die Schaffung von Außenposten, während der Kolonialzeit verboten (JÜRGENS & BÄHR 2002: 292). Im Gegensatz zu früheren Traditionen begannen die Bauern außerdem ihre Gebiete nach außen abzugrenzen (BÄHR 1968: 11). Zunehmend festgelegte Farmgrenzen unterbanden infolgedessen die Ausweichmöglichkeiten der Herden in Trockenzeiten (KEMPF 1994: 89). Ein Grund für die fortschreitenden Degradationserscheinungen liegt somit in der Tatsache begründet, dass die Farmwirtschaft in Südwestafrika seit dem Zweiten Weltkrieg einem enormen Umstrukturierungsprozess unterliegt. Die hohen Zuwanderungsraten aus Europa und Südafrika (SAMIMI & NÜSSER 2006) führten zu zahlreichen Farmgründungen, höheren Besatzdichten und außerdem zur Expansion agrarisch genutzter Flächen (Hornetz & Jätzold 2003: 98).

Auch die Wirtschaftsweise europäischer Siedler weist einige markante Unterschiede gegenüber der Bewirtschaftung der indigenen Bevölkerung auf. Die weißen Siedler zeichneten sich durch permanente Siedlungsweise und exakt festgelegte bzw. umzäunte Besitztümer aus. Außerdem verfolgten die europäischen Siedler eine relativ einseitige Bewirtschaftung, initiierten die Kultivierung ursprünglich nicht einheimischer Feldfrüchte und begannen die Farmflächen zu überweiden (WAHL 2003: 74). Seit Mitte des Jahrhunderts wuchs zudem der Viehbestand, ohne gleichzeitige vergleichbare Vergrößerung oder Expansion der Weideflächen, rapide an. Die steigenden Bestockungsraten und das unangepasste Weidemanagement mündeten folglich in Überweidung und Degradationserscheinungen (MAURER 1995: 186).

Die anthropogene Inwertsetzung Namibias verlief insgesamt wenig ökologisch angepasst. Auf Grund des zunehmenden Bevölkerungs- und Weidedrucks in semi-ariden Gebieten zeigten sich fehlgeschlagene Entwicklungen durch unangepasste Bewirtschaftung, da die Neusiedler die Flächen oft ähnlich wie in den ihnen bekannten, ökologisch günstigeren Regionen bestellen (Hornetz & Jätzold 2003: 114). Die Umstellung auf neue Bewirtschaftungsmetho-

den, der tiefgreifende Strukturwandel in der Farmwirtschaft und die enorme Flächenausdehnung auf Grund der Bevölkerungsexplosion riefen eine kontinuierlich zunehmende Verschlechterung der Weideverhältnisse hervor (BÄHR 1968: 11).
Die Bevölkerungskonzentration wurde zusätzlich zur allgemein steigenden Bevölkerung seit Beginn des 20. Jahrhunderts durch die Sesshaftwerdung der Nomaden verstärkt. Auf Grund der Sesshaftwerdung wurde die nomadische Mobilität bzw. horizontale Flexibilität eingeschränkt und somit punktuell der Bevölkerungsdruck erhöht (IBRAHIM 1985: 39). In den Savannen Afrikas wurde, trotz Sesshaftwerdung und Einschränkung der Wanderrouten, die Größe der Viehherde meist jedoch beibehalten. Den Grund dafür bildet die gesellschaftliche Bedeutung der Herdengröße. Der Viehbestand entscheidet über den sozialen Status in der Gesellschaft und gilt als Rücklage für Krisenzeiten (IBRAHIM 1985: 38). In Folge des enormen Bevölkerungszuwachses und der Sesshaftwerdung verkleinerten sich also die Weidegebiete, wodurch der Weidedruck enorm wuchs (KEMPF 1994: 77). Die insgesamt vorherrschende ungleiche Bevölkerungsverteilung in Namibia wird vor allem im Norden des Landes deutlich und birgt enorme Degradationsrisiken.
Das 19. Jahrhundert gilt als das Jahrhundert der modernen Farmwirtschaft und ist vor allem durch dynamische Entwicklungen und Innovationen geprägt. Insgesamt kam es zur Etablierung neuer Handelswege, um die Interessen und Bedürfnisse der Europäer zu befriedigen. (KEMPF 1994: 75). Auch die Einführung des Fernhandels leistete ihren Beitrag zur fortschreitenden Degradation. Durch den von den Kolonialmächten initiierten Anbau von Cash Crops für den Verkauf am Weltmarkt (HORNETZ & JÄTZOLD 2003: 103) kam es nämlich zwangsweise zur Ausweitung landwirtschaftlich genutzter Flächen. Diese sukzessive Expansion des Farmlandes, bis an die Marginale der Ökomene und teilweise über diese hinaus, erklärt den raschen Anstieg des Degradationspotentials. Mit der kolonialen Erschließung der Trockengebiete ging auch die Etablierung landwirtschaftlicher Großbetriebe in Form großflächiger Ranching-Betriebe einher (HORNETZ & JÄTZOLD 2003: 94). Ranching-Betriebe bilden Großbetriebe mit marktwirtschaftlicher tierischer Produktion, die entweder als Privatgüter oder sogar Kapitalgesellschaften existieren (HORNETZ & JÄTZOLD 2003: 97). Zu Beginn der deutschen Kolonialzeit im Jahr 1885 eigneten sich europäische Siedler verstärkt Land an (MAURER 1995: 4). Diese Farmer versuchten die geringe Tragfähigkeit der namibischen Böden durch ausschweifende Farmgrößen zu kompensieren (KEMPF 1994: 76). Zudem steht die Beweidung durch Viehherden im deutlichen Kontrast zur Beweidung von Antilopen-, Zebra- und Giraffenherden in vorkolonialer Zeit. Wildtiere gelten im Gegensatz zu den domestizierten Nutztieren als scheu, beweglich und flexibel. Durch die Einführung von Rinderherden hingegen werden die Weideflächen lokal radikal abgeweidet und die Vegetation

der Savannen im hohem Maße gestört (GELLERT 1971: 277). Auch heutzutage sorgt die extreme Marktorientierung im kommerziellen Bereich für unvermindert zunehmende Degradationsprobleme (KEMPF 1994: 89). Die kommerzielle Farmwirtschaft, genau wie der Bevölkerungsdruck in den communal lands trägt ausschlaggebend zur Überweidung, welche im folgenden Kapitel thematisiert wird, bei (WAHL 2003: 77).

3.1.2 Anthropogene Ursachen: Weidewirtschaft

Generell ergeben sich durch die Weidewirtschaft Veränderungen im Ökosystem der Savannen, da wachsende Herdengrößen und zunehmende Beweidungsfrequenz ohne Frage die Degradationsgefährdung steigern (KEMPF 1994: 66). Die Verschlechterung der Weideverhältnisse und Degradationserscheinungen sind hauptsächlich auf drei Ursachen zurückzuführen: Überweidung, Viehtritt und selektives Fressen der Rinder. Diese werden im folgenden Kapitel näher betrachtet.

Wie aus dem vorherigen Kapitel deutlich wurde, führen der zunehmende Bevölkerungsdruck und punktuelle Bevölkerungskonzentrationen zu lokaler Landknappheit. Auf den zur Verfügung stehenden umgrenzten Flächen kann die zunehmende Bestockungsrate zu Weidedruck und letztlich zur Überweidung führen. Überweidung resultiert entweder in Verbuschung oder in völliger Vegetationszerstörung. Beide Szenarien stellen Degradationserscheinungen dar und führen sowohl zu Produktivitätsverlusten der Weideflächen, als auch zur Reduktion der Biomasse. Die folgende Grafik (siehe Abb. 15) fasst die Ursprünge, genau wie die Folgen von Überweidung prägnant zusammen.

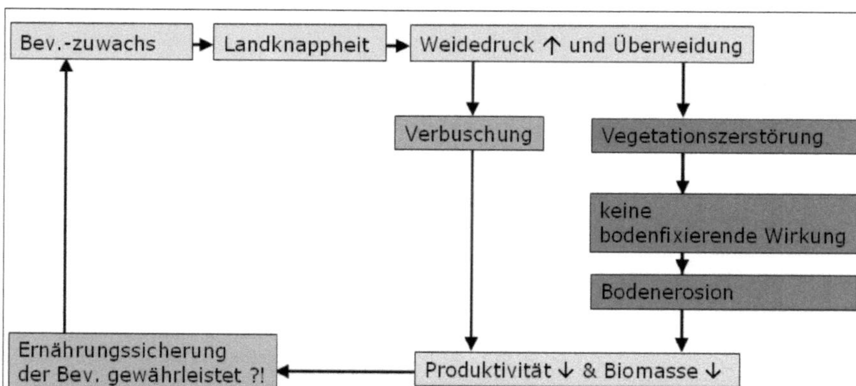

Abb. 15: Wirkungsgefüge – Ursachen und Folgen der Überweidung.
Quelle: Eigene Erstellung (10.12.11).

Insgesamt muss angemerkt werden, dass das Schaubild lediglich *eine* Möglichkeit der Präsentation der aus Überweidung resultierenden Probleme und Degradationsformen darstellt. Es handelt sich ausschließlich um den Versuch die komplexen Prozesse der Wirklichkeit vereinfacht zu skizzieren. Die Grafik stellt zudem keinen determinierten Prozessablauf oder eine Kausalkette dar, sondern dient zur Veranschaulichung der weitaus komplexeren Realität. Außerdem verdeutlicht das Schaubild das nicht zu unterschätzende Ausmaß anthropogen induzierter Eingriffe ins Ökosystem der Savannen. Unangepasste Bestockungsraten und der daraus resultierende Verlust an produktivem Land führt zur Existenzbedrohung und einer erhöhten Verwundbarkeit der Bevölkerung hinsichtlich der Nahrungsmittelversorgung. In Folge des Rückgangs des Weidepotentials auf Grund von Degradationserscheinungen kann die Ernährungssicherung der Bevölkerung häufig nicht mehr gewährleistet werden (ROTHFUSS 2011: 169). Insgesamt wird deutlich, dass Überweidung eine wesentliche Ursache von Degradation darstellt. Der aus Überweidung und zunehmenden Bestockungszahlen resultierende Viehritt stellt eine weitere Ursache für Degradationserscheinungen dar und verringert beispielsweise die natürliche Regeneration des Bodens (BÄHR 1968: 11).
Der Zertritt durch Vieh kann entweder zur Bodenverdichtung- bzw. komprimierung oder zur Umgrabung der Erde führen. Dadurch ändern sich Infiltrationsraten und Aufkeimmöglichkeiten für die Samen (SKARPE 2000: 267). Zertritt bildet folglich sowohl eine Form der Boden-, als auch Vegetationsdegradation. Diese Degradationserscheinungen werden überwiegend durch das Zertrampeln des Viehs entlang der Wanderwege oder in der Nähe der Tränken verursacht. Innerhalb wenig ausgebauter Farmbetriebe wird das gesamte Gelände von nur einigen wenigen Wasserstellen aus bewirtschaftet. Diese Standweide, bei der die Herde für einen längeren Zeitraum auf begrenztem Gebiet entlang der Wasserstelle weidet, führt zur Zonierung der Pflanzendecke. Die Konzentration oder Ballung der Herde an der Tränke hat ferner zur Folge, dass die dortige Region so stark abgegrast oder zertrampelt wurde, dass kaum mehr Nahrung vorhanden ist. Der Nachteil der Standweide besteht also in der unterschiedlichen Kapazitätenauslastung der Weidefläche. Um die Tränkestelle lassen sich in Form konzentrischer Kreise unterschiedliche Stufen der Degradationsintensität feststellen. Da die innerste Zone nahe der Tränke stark überweidet ist, bietet ein solch kahlgefressener Standort einen geeigneten Ausgangspunkt für sowohl äolisch als auch fluvial verursachte Bodenerosion. Die Gefahr der Überstockung und Überweidung liegt darin begründet, dass durch erhöhten Tierbesatz die Verletzung der Grasnarbe beschleunigt wird, der Niederschlag nach Starkregenereignissen folglich nicht versickert, sondern oberflächlich abfließt und somit fluviatile Erosion vorangetrieben wird. Weist das Gebiet eine leichte Hangneigung auf, so können sich entlang der vegetationslosen Trampelpfade des Viehs tiefe Schlote formen, die

bei jedem Regenereignis rinnenförmig ausgespült werden. Innerhalb dieser Rinnen wird Bodenmaterial erodiert und die Degradation weitet sich aus. Bodendegradierung gilt folglich als Resultat von Überweidung und kann die Tragfähigkeit von Ökosystemen nachhaltig beeinträchtigen (HORNETZ & JÄTZOLD 2003: 79).
Insgesamt wirkt sich ein zu hoher Tierbesatz sowohl negativ auf die Physiognomie, als auch auf die Artenzusammensetzung und die Produktivität der Weide aus (SKARPE 2000: 261). Bedeutende Parameter für den Weidewert von Futterpflanzen bilden die Verfügbarkeit, die Akzeptanz und die Verdaulichkeit der Pflanzen (MAURER 1995: 119). Für die Weidewirtschaft spielen folglich nicht nur die Biomasse, sondern auch die Qualität der Gräser eine bedeutende Rolle (BOLLIG & CASIMIR 2002). Diese Tatsache führt zu einem weiteren problematischen Aspekt der Weidewirtschaft, welcher für Degradationserscheinungen verantwortlich ist. In Südafrika wurde beobachtet, dass die Weideflächen zunehmend später ergrünen, wodurch die Anfälligkeit für Erosion und die Verwundbarkeit des geoökologischen Systems in Trockenzeiten ansteigt (BÄHR 1968: 62). Diese Beobachtung kann anhand der veränderten Zusammensetzung der Weide erklärt werden und nicht, wie vermutet, durch später eintretende Niederschläge oder Klimawandel. Die veränderte Artenzusammensetzung in der Farmzone Namibias wird durch die selektive Beweidung des Viehs hervorgerufen. Weidetiere rotten durch selektives Fressen vor allem hochwertige, mehrjährige Gräser völlig aus (ROTHFUSS 2011: 180). Generell treiben diese ausdauernden Gräser direkt nach den ersten Niederschlägen. Da jedoch der Großteil der ausdauernden Gräser von den Wiederkäuern entfernt wird, entsteht der Eindruck, dass trotz gleichbleibender Niederschläge die Weide erst später sprießt (BÄHR 1968: 67). Insgesamt vollzieht sich auf Grund der selektiven Beweidung eine Transformaton der Grasschicht von perennierenden zu annuellen Gräsern. Dementsprechend werden die nährstoffreicheren durch nährstoffärmere Grasarten ersetzt und die Produktivität der Weide wird herabgesenkt (ROTHFUSS 2011: 180). Dieser Wandel, sowie die Ausbreitung toxischer oder nicht schmackhafter Arten wirkt sich äußerst negativ auf die Weidequalität und den Wert der Weidefläche aus (WAHL 2003: 77). Überweidung kann in der totalen Ausrottung schmackhafter Futterpflanzen und dem daraus folgenden Überhandnehmen unerwünschter Pflanzen münden (BOMMER 1965: 116). Somit verändert sich durch Überweidung die Vegetationsstruktur und Artenzusammensetzung. Einige Arten nehmen hinsichtlich ihrer Auftretenshäufigkeit zu, während andere Arten verdrängt werden. Bei diesem Prozess verschwinden zuerst die energiereichen, proteinhaltigen und schmackhaften Klimaxgräser, sodass im Extremfall lediglich dornige Sträucher übrig bleiben. Deren Auftreten stellt ein eindeutiges Anzeichen für Degradation dar. Da dem Vieh auf überweideten Flächen nicht ausreichend Futter zur Verfügung steht, kommt es folglich zu Mangeler-

scheinungen und zur Unterversorgung von Tieren. Problemtisch ist außerdem die Tatsache, dass Rinderherden versuchen den geringen Nährwert der noch existierenden Gräser durch größere Futtermengen zu kompensieren, wodurch Degradation vorangetrieben wird (MAURER 1995: 120).

Auf Grund von Überstockung und Überweidung, durch die kontinuierliche Expansion der Herden oder die Einengung der privaten Weidegebiete, spitzte sich die Lage hinsichtlich Degradationserscheinungen des naturräumlichen Potentials enorm zu (BÄHR 1968: 82). Auf Grund der sukzessiven Ausweitung von Farmland werden heutzutage weite Flächen Namibias von Rindern beweidet. Somit sind große Weidegebietsflächen von Degradationserscheinungen, welche aus selektivem Fressen resultieren, betroffen und hinsichtlich ihrer Weidequalität gefährdet (ROTHFUSS 2011: 180).. Der kontinuierliche Rückgang der Biodiversität kann also definitiv dem steigenden Beweidungs- und Siedlungsdruck zugeschrieben werden.

3.1.3 Natürliche Ursachen: Feuer

Global betrachtet wird Afrika als „Feuerkontinent" bezeichnet; allein im Jahr 2000 waren weltweit 3,5 Millionen km² Fläche von Feuer betroffen, davon befinden sich 64,3 % der Fläche in Afrika. So brennen hier mehr Flächen pro Jahr als auf allen anderen Kontinenten der Welt zusammen. Aber nicht ganz Afrika ist von einer Ökosystemregulierung durch Feuer betroffen, sondern vor allem die Flächen südlich der Sahara (siehe Abb. 16).

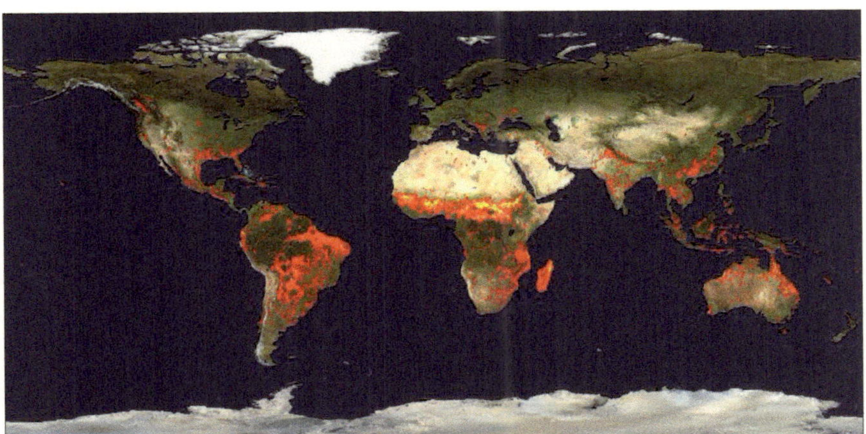

Abb. 16: Globale Verteilung der Feuerereignisse des Jahres 2000.
Quelle: http://lance-modis.eosdis.nasa.gov (10.12.11).
Datengrundlage: NASA.

Auch wenn jedes Feuerereignis Menschen bedroht, darf an dieser Stelle nicht die Bedeutung des Feuers im Ökosystem Savanne vergessen werden: Feuer sind Teil der Savannenökologie, die Savanne selbst ist eine Feuerklimaxformation und weshalb Brände einen wichtigen Faktor zur Erhaltung der Savannen darstellen. Unter diesem Aspekt stehen die folgenden Ausführungen (LE ROUX 2011: 10-12).

Vorraussetzungen für einen Brand in Savannen sind das Vorhandensein von trockener Biomasse und ein mehr oder minder flaches Relief, sodass Winde das Feuer ungehindert weiter anfachen. Der Energieoutput pro Meter Feuer wird demnach von den folgenden Faktoren bestimmt: Witterungsbedingungen inklusive Lufttemperatur, Windgeschwindigkeit und Feuchte, sowie der Topographie und letztlich der Art und Menge des verfügbaren Brennmaterials, sowie dessen chemischer Zusammensetzung, Grad der Trockenheit und der Durchlüftung (GIBSON 2009: 188-189).

Der in Kapitel 2.3 beschriebene Antagonismus zwischen Gehölz- und Grasvegetation, der das Savannenökosystem ausmacht, wird folgendermaßen durch Feuer reguliert und unterstützt (siehe Abb. 17) wohingegen durch zunehmenden Beweidungsdruck (Rinder und Schafe; keine Ziegen) eine Abnahme verfügbarer (Gras) Biomasse resultiert, was weiterhin für eine Abnahme der Feuerintensität und für eine Abnahme der Gehölzzerstörung verantwortlich ist und letztlich ein Ansteigen der Gehölzvegetation bedingt, sorgt ein vermehrtes Abfressen der Gehölz- und Strauchvegetation durch sogenannte Browser wie Ziegen für eine Steigerung der Grasvegetation und gleichzeitig für eine Steigerung der Feuerintensität, welche besonders der Gehölzvegetation schädigt und somit Platz für eine dominierende Grasvegetation schafft.

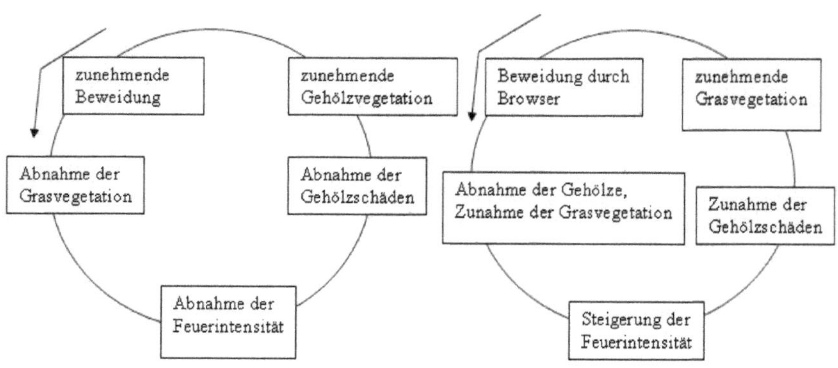

Abb. 17: Feuerregulierung des Antagonismus Gehölz- und Grasvegetation.
Quelle: Eigene Erstellung nach LANGEVELDE et al. 2003: 338.

Wie kommt es nun aber innerhalb Savannen zu Feuerereignissen?
Auch wenn Feuer sich vornehmlich am Ende der Trockenzeit am Übergang zur Regenzeit ereignen sind sie nicht nur natürlich- durch Blitzschlag oder Vulkanausbrüche- bedingt, sondern genauso anthropogen – durch Brandrodung oder sogar Brandstiftung- verursacht. Durch Blitzschlag verursachte Feuer ereignen sich beispielsweise in Namibia in 54-73% der Fälle und zu 75% in der Übergangszeit zwischen September und Dezember, vor allem nach niederschlagsreichen Jahren aufgrund eines Plus an verfügbarer Biomasse (KEMPF 1994: 36).
Was sind aber die Auswirkungen- neben den bereits erwähnten Gleichgewichtsverschiebungen zwischen der Gehölz- und Grasvegetation- für die Böden, den Wasserhaushalt und das Ökosystem Savanne im Gesamten?
Im Kalahari-Bereich beispielsweise kann die Grenze zwischen Savanne und Wald nicht immer eindeutig gezogen werden, da in Namibia, anders als im west- und zentralafrikanischen Sahel, Feuer nicht als landwirtschaftliche Maßnahme zur Biomassenregeneration oder zur Nematodenvernichtung herangezogen wird (KEMPF 1994: 34). Jährliches Brennen hat in Namibia enorme Auswirkung auf die Bodenqualität. Verbrennt organische Substanz, so werden die Böden durch die Asche mit Siliziumdioxid angereichert, wodurch der pH-Wert sinkt. Außerdem verfestigt sich auf Grund der Mobilisierung der Schluffpartikel des Oberbodens das Bodenprofil. Eine weitere negative Folge stellt die Plombierung der Kapillaren dar, wodurch der Wasserhaushalt ausgehend von seiner vertikalen Dynamik (Einsickern, Aufsteigen) zu einer horizontalen Bewegung (Oberflächenabfluss) verändert wird. Die verstärkte Insolation auf die aschefarbigen Bodenoberfläche bewirkt zusätzlich die Intensivierung des aufsteigenden Bodenwasserstroms. Infolgedessen bilden sich vermehrt Krusten. Brände verringern zudem die Bodenfauna und treiben somit die Bodenverfestigung weiter voran. Auch die Bodentemperatur wird einerseits durch den Brand und andererseits durch die direkte Sonneneinstrahlung erhöht, wodurch es zur Eisenoxidation und Rubefizierung, „der Anreicherung wasserarmer Eisenverbindungen“ (KEMPF 1994: 35), und einer Veränderung des Mineralstoffhaushalts kommt. Durch die Verkrustung eisenangereicherter Schluffe im Unterboden wird der gesamte Boden zunehmend leichter erodierbar (KEMPF 1994: 35).
Ein weiteres Resultat der Savannenfeuer bildet die Freisetzung von Polysacchariden aus abgestorbenem Wurzelmaterial, welche die Verkittung von Tonkolloiden verhindern, und wodurch folglich der wichtige, nur in sehr geringen Maß vorhandene Tonanteil der Kalahari-Sandböden abgetragen oder abtransportiert werden kann. Dieser Prozess ist irreversibel und bedeutet eine sofortige Verringerung der Feldkapazität und der Kationenaustauschkapazität. Als Endprodukt bleiben degradierte, skelletierte Böden, die auf Grund fehlender Inzeption durch Vegetationsbedeckung dem *Splash-Effekt* unterliegen und verstärkt erosionsanfällig

sind. Vor allem in den Gebieten Namibias, in denen abwechselnd starke Winde der Trockenzeit das Land austrocknen und anschließend zur Regenzeit Starkregenereignisse heftigen Abfluss und Erosion bewirken, wirken Brände in der Savanne besonders bodendegradierend. Insgesamt zeigt die Bilanz von Bränden, dass neben des einzigen Vorteils der mineralischen Anreicherung, lediglich Nachteile, wie Feinmaterialabtransport und Bodendegradierung, zu verbuchen sind (KEMPF 1994: 35). Auch wenn die Bedeutung des Feuers auf Savannendynamiken allgemein anerkannt ist, so stecken die Forschungen über die aktuellen Konsequenzen betreffend des Gleichgewichts zwischen Gras- und Gehölzvegetation noch in den Anfängen. Es lässt sich lediglich konstatieren, dass das Gleichgewicht von Gräsern und Hölzern sich ändert, sobald sich Änderungen in den Faktoren Browsing, Beweidung und Feuerintensität ergeben (VAN LANGEVELDE et al. 2003: 338).

3.2 Degradationserscheinungen

Land-Degradation kann in Bodendegradation und Vegetationsdegradation unterteilt werden. Das im folgenden Kapitel beschriebene Phänomen der Verbuschung zählt zur Vegetationsdegradation und ist in Namibia flächendeckend verbreitet.

3.2.1 Verbuschung

Zu den Degradationserscheinungen der Vegetation gehört die Verbuschung, welche eine Zunahme von Gehölzpflanzen in Gebieten beschreibt, in denen naturgemäß Gräser dominieren würden (WAGENSEIL 2002: 1). Die Bezeichnung Verbuschung betitelt das Phänomen einer Verdrängung grasreicher Klimaxvegetationsgesellschaften durch nicht beweidbare Pflanzen. Außerdem kann Verbuschung als die Zunahme der bereits ansässigen Gehölzdichte pro Flächeneinheit definiert werden (HORNETZ & JÄTZOLD 2003: 130). Es kommt daher zu einer Verschiebung des ökologischen Gleichgewichts und folglich zum Rückgang der Tragfähigkeit potentieller Beweidungsfläche. Als Degradationsprozess in subsaharischen Savannenökosystemen stellt auch die Verbuschung eine anthropogen bedingte Entwicklung dar, welche auf Grund von Eingrenzungen landwirtschaftlich nutzbaren Weidelands sowie hohen Rinderbestockungszahlen entsteht und enorme negative Auswirkungen auf die Farmwirtschaft Namibias nach sich zieht (WAGENSEIL 2002: 74).

Den Beginn des Verbuschungsprozess bildet erneut die sukzessive Ausbreitung der Farmen sowie der zunehmende Viehbestand. Die selektive Nahrungspräferenz des Viehs treibt die Verbuschung in ehemals offenen Savannengebieten voran (WALTHER 2002: 136), da Rinderherden sich überwiegend von Gräsern ernähren und nur selten Futterbüsche beweiden (BÄHR 1968: 65). Als Hauptverursacher von Verbuschung müssen folglich Rinder verantwortlich gemacht werden (WAHL 2003: 76), da sie im Gegensatz zu einheimischen Tierarten, welche wechselnde und unterschiedliche Futterpräferenzen aufweisen, einen homogenen, einheitlichen Weidedruck auf die Savannenvegetation ausüben. Das Vieh favorisiert schmackhafte Kräuter und Grassorten, wodurch in Folge intensiver Beweidung die Dominanz der Gräser abnimmt und die Flächen stattdessen durch Gehölze besiedelt werden (WALTHER 2002: 131). Ihr radikales selektives Abweiden der Gräser führt zur Abnahme des Grasbestands und somit zur Reduktion der Transpirationsrate der Gräser (BÄHR 1968: 65). Wie bereits erwähnt stehen Gräser und Büsche bzw. Gehölzpflanzen im gegenseitigen Wettbewerb um die Ressource Wasser. Durch das Abfressen der Gräser sinkt naturgemäß deren Transpirationsrate bzw. der Wasserverbrauch von Grasflächen rapide ab, sodass der eigentlich limitierende Faktor Wasser nun für die Büsche zur Verfügung steht und diese sich infolgedessen, auf Grund fehlender Konkurrenz, ausdehnen. Der enorme Beweidungsdruck durch Rinder in afrikanischen Savannen-Ökosystemen führt folglich zur „Schwächung des Konkurrenzdruckes der Gras- und Krautarten gegenüber den Holzarten" (WALTHER 2002: 140). Den eigentlich ausschlaggebenden Faktor, ohne den die Verbuschung nicht vor sich gehen kann, bildet im Grunde genommen also „die Ausschaltung der Wurzelkonkurrenz einer geschlossenen Grasnarbe, und zwar von ausdauernden Gräsern" (BÄHR 1968: 65).

Verbuschte Gebiete zeichnen sich außerdem durch Artenverarmung aus, da sich die Hauptverbuscher, wie beispielsweise Dornbüsche, rapide ausweiten (WAGENSEIL 2002: 3). Ein Beispiel für eine verbuschte Fläche findet sich zur Veranschaulichung im Anhang (siehe Anhang 7.4). Die Ausbreitung von überwiegend Dornbüschen führt zur weiteren Abnahme der Tragfähigkeit des Bodens und resultiert in Dickichtbildung, wodurch Graswachstum eingeschränkt oder gar völlig verhindert wird. Da dornige Gehölze von Rindern nicht beweidet werden, wird Weidewirtschaft auf verbuschten Flächen unmöglich. Die *Acacia mellifera* gilt beispielsweise als Beweidungszeiger, welcher auf Grund seiner Hakendornen von den Tieren verschmäht wird. Insgesamt wird deutlich, dass die Überstockung einer Farm den ausschlaggebenden Faktor für den Prozess der Verbuschung darstellt (BÄHR 1968: 64). Der Prozess der Verbuschung entwertet Weideflächen und macht Farmland letztendlich unbrauchbar. Diese Entwicklung des Weidenutzungsrückgangs kann zu Ertragseinbußen führen und bedeutet eine mangelnde Sicherung der Ernährungsgrundlage vieler Bevölkerungsschichten (MÜLLER-HOHENSTEIN 1981: 94). Abbildung 18 visualisiert abschließend den Kreislauf der Verbuschung und unterstreicht nochmals die Tatsache, dass anthropogene Eingriffe ins Savannenökosystem durch unsachgemäße Bewirtschaftung weitreichende Folgen mit sich bringen. Diese Auswirkungen gefährden nicht zuletzt die Existenzgrundlage der Bevölkerung.

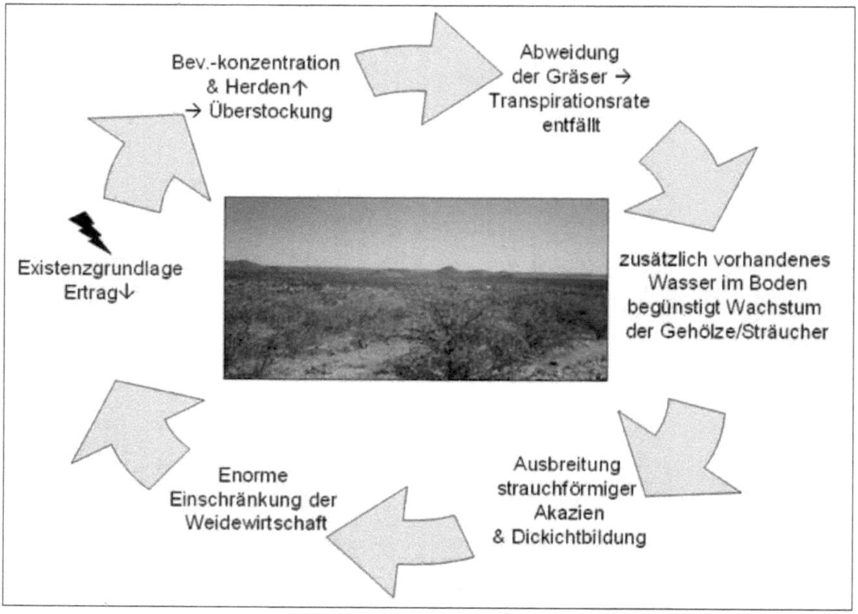

Abb. 18: Kreislauf der Verbuschung.

Quelle: Eigene Erstellung nach WALTHER, G. (2002).

3.2.2 Bodendegradation

Ausgehend vom Terminus „Degradation", der in Kapitel drei definiert wurde, kann der Begriff „Bodendegradation" als Herabstufung des Bodens beziehungsweise als Schädigung oder sogar Verlust der weltweit betroffenen Böden verstanden werden. Die Degradation führt zwangsläufig zu Rückgängen in den Ernteerträgen verzeichnet wird oder sich eine landwirtschaftliche Nutzung bestimmter Böden zukünftig ausschließen wird; dieser Zustand ist global schon auf vielen Flächen eingetreten (siehe Abb. 19). Mögliche Ursachen einer jeden Bodendegradation sind dabei entweder ökosystemar bedingt, darüber hinaus aber auch fast immer im Zusammenhang mit sozioökonomischen Wirkgrößen zu verstehen. Da unterschiedliche Ursachen zu unterschiedlichen Arten von Bodendegradation führen, werden nachfolgend die Degradationsformen Wassererosion, Winderosion, sowie physikalische und chemische erläutert (MIEHLICH 2003: 6).

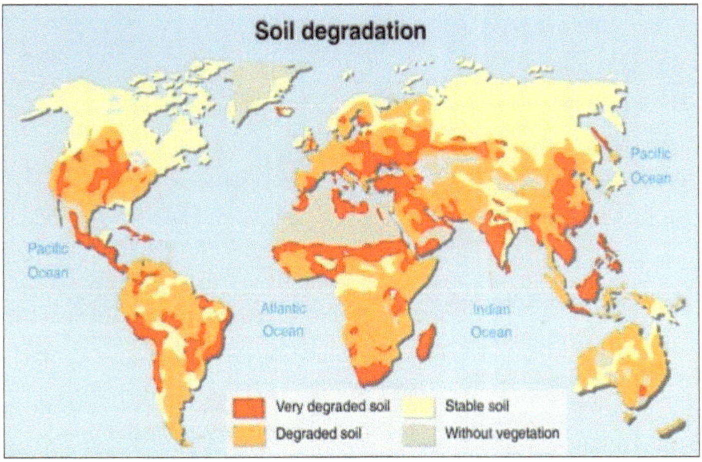

Abb. 19: Weltweite Bodendegradation.
Quelle: REKACEWICZ, P./UNEP (1997).
http://maps.grida.no/library/files/storage/degraded-soils.png (05.11.11).

3.2.2.1 Wassererosion

Wird im Zusammenhang mit Bodenerosion von Wassererosion gesprochen, so meint dies eine von Wasser gesteuerte Erosion des Bodens, wobei Niederschläge zur Abspülung des Bodens und Akkumulation an einer anderen Stelle führen. Die flächenhafte Erosion wird als Denudation, die linienhafte als Rinnen- oder Gullyerosion bezeichnet. Bestimmt wird die erosive Wirkung der Niederschläge von den Faktoren Bodeneigenschaften, Art der Vegetationsbedeckung, sowie Häufigkeit und Dauer von Starkregenereignissen. Zunächst natürlich bedingt, fördert der Mensch durch sein an das vorliegende Ökosystem unangepasstes landwirtschaftliches Wirtschaften, den Vorgang der Wassererosion so lange bis der Bodenabtrag pro Fläche die Rate der Bodenneubildung übersteigt. Ergänzt wird dieser Prozess von Hangzerschneidungen, die das Bestellen von Ackerflächen zusätzlich erschweren oder sogar unmöglich machen kann. Mit einem Anteil von 60% an der gesamt degradierten Fläche weltweit, hat die Bodendegradation durch Wasser den größten. Regional ist sie vor allem in den Great Plains der USA, aber auch in Zentral- und Südafrika- wozu Namibia und Botswana zählen- von Bedeutung (MIEHLICH 2003: 7).

Eine besonders schwerwiegende und verbreitete Form der Bodenerosion durch Wasser ist die gully erosion. Sie entsteht aus durch Oberflächenabfluss hervorgerufener linienhafter Rillenerosion. Dabei entstehen durch das erosive Oberflächenwasser kleine flache Rillen von circa 10 cm Mächtigkeit, die vom Wasser in zunächst vorgebenen Rillen (Fahrspuren o. Ä.), geformt werden. Abnehmende Kohäsivität der Böden steigert das Rillenbildungspotenzial. Konzentriert sich der Abfluss zunehmend, so hat dies eine Vergrößerung der Rillenabstände und eine Intensivierung der Erosion zufolge, bis schließlich mehrere Meter mächtige Rillen entstehen, wie in Abbildung 20 zu sehen. Können diese Rillen durch Bodenbearbeitung verfüllt werden, so ist lediglich von Rinnenerosion die Rede. Haben sie jedoch den Boden irreversibel geschädigt und können nicht ohne Weiteres verfüllt werden, so spricht man von gully erosion (SCHEFFER & SCHACHTSCHABEL 2010: 509).

Abb. 20: Gully Erosion in Burkina Faso.
Quelle: Universität Frankfurt.
http://www.geo.uni-frankfurt.de (05.11.11).

3.2.2.2 Bodendegradation durch Wind

Winderosion ist regional vor allem in Gebieten hoher Windaktivität, geringem Relief und daher ausgedehnten Freiflächen und in Gebieten spärlicher Vegetation die Ursache für Bodendegradation. Die flächenhafte Winderosion wird als Deflation bezeichnet. Hier ansässige Böden sind diejenigen sandreichen Ausgangsmaterials oder zu Bodenaggregaten mit geringer Korngröße zerfallenen Böden. Die Winderosion spielt in 28% der Fälle globaler Bodendegradation eine Rolle (MIEHLICH 2003: 9).

3.2.2.3 Chemische und physikalische Bodendegradation

Die sehr heterogenen Phänomene der chemischen Bodendegradation äußern sich in überdüngten landwirtschaftlichen Flächen, von denen Stickstoffe ins Grundwasser abgeführt werden könnten oder aber die demgegenüber an Nährstoffen unterversorgten Ackerflächen, die sich nach der Ernte nicht ausreichend regenerieren können. Eine andere Form der chemischen Degradierung ist die der oberflächennahen Salzausscheidung und damit Bodenversalzung, die vor allem in ariden bis semiariden Gebieten eine dominierende Rolle spielt. Bodenversalzung entsteht entweder durch kapillar aufsteigendes Grundwasser, in dem Salze gelöste sind, oder durch bei der Bewässerungslandwirtschaft verwendetes salzhaltiges Wasser. Der Bodenversalzung ist ein eigenes Kapitel gewidmet, da sie im subsaharischen Afrika aufgrund Aridität und dem Mangel an salzfreiem Bewässerungswasser weit verbreitet ist. An global degradierten Flächen besitzt die chemische Degradierung einen Anteil von 12%. Bodenversauerung ist eine weitere Form, jedoch tritt diese fast ausschließlich in Regionen industriell entwickelter Länder auf, verursacht durch den Eintrag versauerter Stoffe ins Ab- und damit Grundwasser beziehungsweise durch industrielle Abfälle. Für das subsaharische Afrika spielt diese Art der Degradierung - wenn überhaupt - dann nur eine sehr untergeordnete Rolle. Auch die Phänomene der physikalischen Degradation sind sehr unterschiedliche: Zu den anthropogen verursachten zählen beispielsweise Überbauung in Siedlungen oder zu hohes Verkehrsaufkommen, oder auch Bodenverdichtung im Zuge unangepasster Bodenbearbeitung sowie Viehtritt durch zu hohe Beweidung; zu den natürlich bedingten zählen Degradationsformen wie Verschlämmung der Bodenoberfläche, oder Verkrustung durch vorangegangene Salzausfällung. Physikalisch bedingte Fruchtbarkeitseinbußen eines Bodens äußern sich in einer Verdichtung desselben und daraus resultierender schlechter Durchwurzelbarkeit, erschwerter Niederschlagsinfiltration sowie einer Beeinträchtigung des Gasaustausches innerhalb des Bodenkörpers. Folglich können Pflanzen den Boden gar nicht oder nur sehr unergiebig zur Nährstoff- und Wasseraufnahme nutzen, und so nur ein geringes oder kein Wachstum verzeichnen. Mit 4% an den weltweit degradierten Flächen hat diese Form der Degradation den niedrigsten Anteil, dennoch sind auch ihre Auswirkungen auf Ökosysteme und die Existenzgrundlage derer, die den dadurch geschädigten Boden nicht mehr nutzen können, keinesfalls zu vernachlässigen (MIEHLICH 2003: 9-10).

3.2.2.4 Bodenversalzung

Der Begriff Bodenversalzung bezeichnet eine Salzanreicherung in Böden oder einzelnen Bodenhorizonten, wobei zunächst zwischen Tagwasserversalzung und Grundwasserversalzung zu differenzieren ist. Das Salz der Tagwasserversalzung ist in den Niederschlägen arider Gebiete enthalten, welche auch als atmogene Salze bezeichnet werden und vor allem aus den Meeren stammen. Die Menge ist bestimmt durch die Nähe zum Meer, der Menge des Niederschlags und der Dauer der ariden Verhältnisse, sowie Reliefposition und Durchlässigkeit des betroffenen Bodens. Sandböden mit vergleichsweise grobem Korngrößenspektrum weisen eine hohe Durchlässigkeit auf und sind deswegen in den oberen Bereichen meist salzarm. Generell dominiert Natriumchlorid die atmogenen Salze. In den Wüsten der ariden

Gebiete sind Staubstürme eine sekundäre Salzquelle. Im Gegensatz zu humiden Gebieten, in denen Salz durch Niederschläge ausgewaschen wird, verbleibt es in ariden Gebieten aufgrund des Niederschlagsdefizits im Boden und bestimmt unter anderem die Bodenausbildung zu Gypsisols, Calcisols, Solonchaks oder Aridic Arenosols. Das Salz der Grundwasserversalzung dagegen - in ariden und humiden Gebieten – stammt aus dem Grundwasser.
Zusätzlich kann eine anthropogene Versalzung der Böden durch Düngung oder Streusalz im Winter identifiziert werden. Die häufigsten Salze der Bodenversalzung sind dabei NaCl, Na_2SO_4, Na_2CO_3. Durch erhöhte Salzkonzentration im Boden wird dessen osmotisches Potenzial erhöht, und resultiert in erschwerter Wasseraufnahme durch die Pflanzen. Des Weiteren erhöhen die gelösten Salze den ph-Wert des Bodens. Unterliegt der Boden einem Klimawechsel oder Bewässerung, so werden die Salze zwar ausgewaschen, dennoch verbleibt ein hoher Restanteil Natrium an den Kationenaustauschern haften, was als Alkalisierung bezeichnet wird. Dadurch wird der ph-Wert zusätzlich erhöht und es kommt neben der Alkalisierung zur Destabilisierung des Bodengefüges, was wiederum Oberbodenverschlämmung und Tonlessivierung begünstigt. Böden, die diesen Mechanismen unterliegen, werden als Solonnetz oder Natriumböden bezeichnet. Diese alkalisierten Böden ermöglichen es nur Spezialisten (Halophyten), auf ihnen zu wachsen. Außerdem kann es zur Ausbildung von Salzkrusten an der Bodenoberfläche kommen, wenn durch erhöhte solare Einstrahlung das Bodenwasser kapillar aufsteigt, die Salze mit sich führt und diese nach und nach ausgefällt werden. Geschieht dies lediglich im Bodenkörper so kommt es zur Salzakkumulation und damit zur Ausbildung von Salzbänken. Erreicht das Boden- oder Grundwasser die Bodenoberfläche und erst hier kommt es zur Salzausfällung, so bilden sich nach und nach Salzkrusten, die den Boden abdichten und einen erhöhten Oberflächenabfluss begünstigen (SCHEFFER & SCHACHTSCHABEL 2010: 291).

4 Lösungsmaßnahmen-Adaptives Management

Der Begriff „adaptare“ ist lateinischen Ursprungs und bedeutet „anpassen“ und im Zusammenspiel mit „Management“ bezeichnet es Bewirtschaftungsformen, die an Ökosysteme wie das der Savanne angepasst sind, und somit Degradierungsformen abpuffern beziehungsweise gar nicht erst entstehen lassen. Nur indem unser Bewusstsein für die problematischen Folgen und Risiken von Degradation geweckt wird, sind wir in der Lage, Bekämpfungsmaßnahmen im Rahmen nachhaltiger Landnutzung zu konzipieren (KEMPF 1994: 4). In den folgenden Unterkapiteln werden verschiedene Arten des adaptiven Managements vorgestellt.

4.1 Rangemanagement

Möglichkeiten der Restauration degradierter Flächen oder der Inwertsetzung von Gebieten mit stark verringerter agrarischer Produktivität bilden die Modifizierung der Bewirtschaftungsformen oder Veränderungen im Rangemanagement (HORNETZ & JÄTZOLD 2003: 129).

4.1.1 Generelle Aspekte

Für die nachhaltige Nutzung der Ressourcen eines Naturraums, ist es von enormer Bedeutung, das Ökosystem nur innerhalb der Grenzen seiner natürlichen Regenerationsfähigkeit, welche von Niederschlag, Bodennährstoffen und Vegetation abhängt, zu belasten. Wie bereits erwähnt, gestatten die klimatischen Voraussetzungen in den Savannenökosystemen lediglich eine eingeschränkte Landnutzung und verlangen auf Grund der hohen Niederschlagsvariabilität lokale Adaption der Landbewirtschaftung an die ökologischen Verhältnisse (MAURER 1995: 19). In Namibia stellt vor allem die Rinderzucht eine bedeutende Einnahmequelle dar und nimmt folglich weite Flächen des Landes ein. Da sämtliche der von Viehweide betroffenen Gebiete flächenhafte Degradationserscheinungen aufweisen sind vor allem im Rangemanagement adaptive Lösungsmaßnahmen von großer Bedeutung.

Die Einschränkung der Weideflächen und die Abgrenzung der Grundstücke führten in der Vergangenheit dazu, dass es heutzutage nicht mehr möglich ist, in Krisenzeiten durch saisonale Wanderungen auf Trockenweiden auszuweichen oder Trockenperioden durch Herdenmobilität zu überdauern. Folglich bedarf es Maßnahmen zur Förderung vertikaler Flexibilität. Vertikale Flexibilität äußerst sich in innerfarmlichen Strukturierungsanpassungen und umfasst Intensivierungs- oder Modernisierungsmaßnahmen. Angepasstes Farm-Management begründet sich generell auf zwei Grundregeln. Von enormer Bedeutung ist zum Einen die Akzeptanz der Tragfähigkeitsgrenze bzw. die Anpassung des Viehbestands. Andererseits wird auch das Einhalten von Ruhepausen zur Regeneration der Vegetation als äußerst wichtig erachtet (KEMPF 1994: 68). Etliche Strategien zur Erhaltung der Weidequalität oder Verbesserung der Weidewirtschaft wurden im Lauf der Farmentwicklung bereits entwickelt und umgesetzt.

Im nächsten Kapitel sollen daher einige Ansätze zur Reduktion von Degradation und Maßnahmen zur Verbesserung der Weidewirtschaft vorgestellt und kritisch beleuchtet werden. Die folgenden innerfarmlichem Strukturierungsmaßnahmen, deren Faktoren sich stabilisierend auf Savannenökosysteme auswirken, werden um eine selektive Auswahl von Ansätzen, dem ATHINGschen System der Hortisilvipastoralkultur und dem Holistic Resource Management, ergänzt. Das folgende Kapitel soll jedoch über eine bloße Darstellung der in der Literatur vorgestellten Lösungsansätze hinausgehen und beinhaltet jeweils eine kurze kritische

Stellungnahme des Experten Dr. KEMPF, welcher die theoretische Skizzierung der Konzepte mit vor Ort erworbenem Praxiswissen ergänzt. Das Interview zum Nachlesen ist in Auszügen im Anhang (siehe Anhang 7.5) vorhanden.

4.1.2 Innerbetriebliche Anpassungsmöglichkeiten

Seit den 60er Jahren bemüht man sich den Problemen der Überweidung durch die „Einführung der Kamptechnik, einer kapitalintensiven, geregelten Form der Umtriebsweidewirtschaft (...)“ (HORNETZ & JÄTZOLD 2003: 98) entgegenzuwirken (HORNETZ & JÄTZOLD 2003: 98). Die Rotationsweidesysteme sind eine historisch gewachsene Entwicklung auf Basis lokaler Erfahrungen (KEMPF 2011 Interview; siehe Anhang 7.5). Ihre Einführung sieht Maßnahmen, wie beispielsweise die Parzellierung einzelner Farmen und die Senkung der Bestockungsraten, vor (MAURER 1995: 186). Den Ausgangspunkt für Rotationsweidesysteme bildet die Einzäunung und Untergliederung der Areale (BOMMER 1965: 119). Die Kamphaltung zeichnet sich durch einen relativ flexiblen Turnus der Beweidung und stark variierende Flächennutzung aus, die von Farm zu Farm differiert. Ein wichtiger Grundsatz lautet, dass jedes Kamp während der Regenzeit eine gewisse Zeit ungenutzt bleiben muss (KEMPF 1994: 81). Diese Regenerationsperiode sollte jährlich variieren (KEMPF 1994: 82). Trotz kapitalintensiver Maßnahmen, wie der Einteilung der Farm in umzäunte Kamps, deren Größe sich nach der Tragfähigkeit der Böden richtet, und der Bereitstellung zahlreicher Wassertränken (KEMPF 1994: 79), können durch den Weideumtrieb zahlreiche Vorteile, eine Verbesserung der Weidequalität und die Einschränkung von Degradationerscheinungen verzeichnet werden, da es in Folge der Wanderrotation zur ausgeglicheneren Beweidung (BOMMER 1965: 118). Mit Hilfe des Rotations- und Umtriebsweidesystems wird durch das eingreifende Steuern der Pflanzenbestand und die Futterqualität über längere Zeit konstant erhalten bzw. verbessert (BOMMER 1965: 119). Das System der Umtriebsweide versucht als Maßnahme gegen Degradation zu verhindern, dass der Gras- und Wurzelbestand einer Weide nachhaltig geschädigt oder zerstört wird. Mehrjährige Gräser sowie der Wurzelbestand von Gräsern in Trockenperioden können, indem das Vieh nur für eine kurze Zeit in einer eingezäunten Fläche (Kamp) weidet, bewahrt werden. Die Umtriebweide sorgt folglich dafür, dass das Gras nur bis auf eine bestimmte Höhe abgefressen wird. So schützt die Rotationsweide einerseits den Grasbestand einer beweideten Fläche und stellt andererseits das Gleichgewicht zwischen verschiedenen flachwurzelnden Gräsern und tiefwurzelnden Hartholzgewächsen sicher (LESER 1975: 115). In diesem Kontext kann das Holistic Resource Management (HRM) erwähnt werden. Dieser Ansatz verfolgt ähnliche Ziele wie die historisch gewachsene Kampwirtschaft und proklamiert eine stärkere Einbindung der Menschen und ihrer Bewirtschaftung in die Kreisläufe bzw. Wirkungsgefüge der Natur. Ein Beispiel für diese integrierte Lebensweise bildet die Farm Sonnleiten. Dort wurde das Vieh circa alle drei Tage in relativ kleinen Kamps umgetrieben. Die Beweidung der in Form eines Wagenrads um die Tränke gruppierten Kamps fand lediglich zweimal pro Vegetationszeit statt. Auf Grund der kurzen Beweidungsphase konnten sich die Gräser regenerieren und wurden gegen den völligen Verbiss geschützt. Als positiv kann außerdem hervorgehoben werden, dass ein kurzzeitiger Huftritt der Rinderherden den Oberboden lockert, wodurch Oberflächenkrusten zerstört und Mulcheffekte unterstützt werden. Auf sandigen Böden erweist sich dieses Aufbrechen der Krusten als förderlich, da somit die Infiltration verstärkt und der Oberflächenabfluss verringert wird. Ein Nachteil besteht allerdings in der Tatsache, dass das gelockerte Material vor allem in den Trockenperioden anfällig für äolische Erosion und Windtransport wird (KEMPF 1994: 84). Das HRM plädiert auch für eine gleichmäßig intensive Beweidung, sodass Konzentrationseffekte vermieden werden und der Dung einheitlich verteilt wird. Somit wird sichergestellt, dass die Weidequalität überall gleich hoch ist. Das von SAVORY entwickelte HRM bildet eine Variante des High-Impact-Grazing. Durch diese Kurzzeit-Intensivbeweidung eingezäunter Kamps mit langen Beweidungspausen zur Regeneration werden beispielsweise in den Kalahari-Randbereichen Erfolge hinsichtlich der Weideverbesserung durch das Wachstum perennierender Gräser erzielt (KEMPF 1996: 276). Insgesamt können seit Einführung der Methode in einigen Regionen Fortschritte hinsichtlich der Verbesserung der Weidequalität verzeichnet werden (KEMPF 1994: 85). Bildet das HRM somit eine erfolgreiche Maßnahme zur Reduzierung von Degradationsgefahren? Diese Frage muss differenziert betrachtet werden. Generell müssen Aussagen über Weide- und Vegetationsveränderungen in Namibia mit großer Vorsicht getroffen werden. Herrn Dr. KEMPFs Experteninterview verrät, dass HRM je nach Region unterschiedliche Auswirkungen aufweist und somit verschieden bewertet werden muss. Auch hinsichtlich der Akzeptanz des Konzepts bedarf es einer differenzierten Betrachtungsweise. Die Erfolge des High-Impact-Grazing hängen laut Herrn Dr. KEMPF außerdem stark vom jeweils vorherrschenden Boden ab. Im Interview, 17 Jahre nach Veröffentlichung seiner Dissertation, gibt Herr Dr. KEMPF außerdem zu bedenken, dass das HRM möglicherweise keine sonderlich rentable Bewirtschaftungsweise darstellt. Als problematisch gilt die Tatsache, dass die Maßnahmen des HRM nur selten an die jeweilige Region angepasst wurden. Die Farm Sonnleiten wird beispielsweise mittlerweile nicht mehr nach dem Konzept des HRM bewirtschaftet und auch generell scheinen dessen Maßnahmen aus ökonomischer Perspektive unter den kommerziellen Rinderfarmern nicht sonderlich ernst genommen zu werden (KEMPF 2011 Interview; siehe Anhang 7.5)

Um den Erfolg der historisch gewachsenen Kampwirtschaft generell gewährleisten zu können, müssen einige zusätzliche innerbetriebliche Strukturierungsmaßnahmen durchgeführt werden. Die Maßnahmen des Rangemanagements zur Eindämmung von Degradationserscheinungen können insgesamt nur durch eine Dezimierung des Tierbesatzes oder Anpassung des Viehbestands an die vorhandenen Futtervorkommen Erfolge verbuchen (BOMMER 1965: 116). Effektive Weideführung zeichnet sich durch den zentralen Bestandteil der Etablierung einer Proper Stocking Rate aus. Der Herdenumfang muss während der Weideperiode flexibel an das vorhandene Futterangebot adaptiert werden. Flexibilität bildet also grundsätzlich ein wichtiges Prinzip für Weidemanagement in Savannenökosystemen (BOMMER 1965: 117).

Obwohl durch die Einteilung des Farmareals in Kampe der Herdenumtrieb sowie die Beweidung zu einem gewissen Maße gesteuert werden können (GELLERT 1971: 279), ist es nicht immer möglich den Bedürfnissen der Herde gerecht zu werden. Oftmals muss eine weitere Maßnahme zur Förderung vertikaler Flexibilität, nämlich der Anbau von Zufutter, durchgeführt werden, um eine ausreichende Versorgung der hohen Bestockungszahlen sicherstellen zu können. Der zusätzliche Futteranbau durch Regenfeldbau oder Heuschneiden und die gezielte Vorratshaltung ermöglichen eine Überbrückung von Niederschlagsschwankungen und die Aufrechterhaltung der Herden in Krisenzeiten, ohne dass zwangsweise Überweidung, Kahlfraß oder anderweitige Degradationserscheinungen entstehen (LESER 1975: 115).

Im Rahmen des Anbaus von Zufutter kann das ATHINGsche System der Hortisilvipastoralkultur erwähnt werden. Dieser Lösungsansatz verfolgt das Ziel, die Weidewirtschaft um weitere Sektoren (z. B. ackerbauliche Nutzung) zu erweitern, um in Krisenzeiten das naturräumliche Potential nicht zu übernutzen und dennoch ökonomisch rentabel wirtschaften zu können. Zu Beginn der 80er Jahre führte der Farmer H. AHTING ein kombiniertes System der Ressourcennutzung ein, welches seitdem empirisch weiterentwickelt und kontinuierlich verbessert wurde. Das AHTINGsche System der Hortisilvipastoralkultur beinhaltet eine ökologisch angepasste Kampweide von Rindern und Ziegen. Neben der Viehhaltung spielt allerdings auch die Gartenbaukomponente eine bedeutende Rolle. In einer Art Stockwerkbau mit schmalen Bewässerungsstreifen und ausgeklügeltem Bewässerungssystem werden vor allem Futterpflanzen mit hoher Bioproduktion kultiviert (KEMPF 1994: 86). Die Gärten leisten einen sehr hohen Flächenertrag, bedürfen allerdings einer sorgfältigen Pflege. „Das dritte Standbein nach Viehzucht und Hortikultur ist die Holznutzung“ (KEMPF 1994: 87). Durch die regelmäßige Brennholzentnahme geht jedoch lokal der Gehölzanteil der Vegetation zurück. Alles in allem wird durch das AHTINGsche System der Hortisilvipastoralkultur die flächenhafte Degradation eingeschränkt und es treten eher Konzentrationspunkte in den intensiv genutzten Kernen auf (KEMPF 1994: 87). Allerdings stellen der Futterausgleich durch Heugewinnung oder Regenfeldbau, genau wie die Ausweitung der Rodungsflächen einen erneuten Eingriff ins Ökosystem dar, wodurch die Biodiversität herabgesenkt wird (KEMPF 1994: 80). Laut Herrn Dr. KEMPFs Interview war AHTINGs System bis ins Jahr 2006 sehr erfolgreich, sodass es von anderen Farmern, teilweise in abgewandelter Form, übernommen wurde. Im zentralen Hochland beispielsweise bewirtschaften gegenwärtig eine Reihe von Farmern nach AHTINGs vertikaler Flexibilisierung ihre Flächen (KEMPF 2011 Interview; siehe Anhang 7.5)

Zahlreiche Farmer versuchten auf Grund der Problematik des selektiven Fressens ihrer Rinder anhand einer weiteren Maßnahme die Weidequalität zu verbessern. Durch die Einführung einer gemischten Herdenhaltung im Rotationsprinzip, bei dem Ziegen und Rinder abwechselnd die Kamps beweiden, erhoffte man sich eine gleichmäßigere Beweidung. Diese gemischte Form der Herdenhaltung bietet einige Vorteile, ersetzt allerdings nicht die natürliche Nutzungsform der Wildweide (KEMPF 1994: 80).

GELLERT schlägt außerdem eine vermehrte Bereitstellung von Tränken als Schlüssel zur Reduzierung von Degradationserscheinungen vor. Vergrößert man die Zahl der Wasserstellen, so werden die Wanderwege der Herden verkürzt und die Bodendegradation eingedämmt. Durch die Schaffung eines dichteren Netzes an perennierenden Tränkstellen soll somit die Verbesserung der Weidewirtschaft sichergestellt werden. Allerdings muss dieser Vorschlag kritisch hinterfragt werden. Hinsichtlich der klimatischen Bedingungen bilden beispielsweise Staubecken eine unzureichende Lösung, da in Namibia auf Grund der hohen Verdunstungsraten ein Großteil des Wassers verdampfen würde. Lediglich tiefe Bohrlöcher, die kaum von Niederschlagsschwankungen betroffen sind, bilden eine lohnenswerte Möglichkeit um Trockenjahre zu überbrücken (GELLERT 1971: 280). Diese Maßnahme zur Einschränkung von Degradationserscheinung stellt sich jedoch als äußerst kapitalintensiv und im Rahmen einer Kosten-Nutzen-Analyse als kaum rentabel heraus. Insgesamt lässt sich festhalten, dass durch die Etablierung der Umtriebsweide der fortschreitenden Weidedegradation bedauerlicherweise nicht Einhalt geboten werden konnte. Betrachtet man die Gesamtdegradation, so kann die Kampwirtschaft im kommerziellen Bereich Degradation zwar abschwächen, diese befindet sich jedoch insgesamt auf hohem Niveau (KEMPF 1994: 90).

Inwiefern die beschriebenen Lösungsansätze, innerbetrieblichen Strukturierungsmaßnahmen oder Intensivierungsmaßnahmen erfolgreich waren, kann für Gesamtnamibia allerdings nur schwer beurteilt werden. Es lassen sich lediglich Aussagen über regional begrenzte Gebiete oder angeführte Beispiele (wie die Farm Sonnleiten) treffen. Bewertungen hinsichtlich der Durchsetzung von Lösungsmaßnahmen des adaptiven Farmmanagements oder bezüglich des Erfolgs von Strategien zur Verbesserung der Weidequalität müssen differenziert betrachtet werden. Heutzutage wird in Namibia einerseits traditionelle, überwiegend extensive Weidewirtschaft und Subsistenzwirtschaft von Kleinbauern, die sich auf Weidetierhaltung und Regenfeldbau konzentrieren, betrieben. Andererseits findet man kommerziell betriebene Großgrundbesitze, auf denen die weiße Bevölkerung Rinder- und Schafzucht im großen Stil betreibt (WAGENSEIL 2002: 7). Der agrarwirtschaftliche Dualismus subsistenzorientierter indigener Kleinbauern und weltmarktorientiert wirtschaftender, ehemals europäischer Großbauern muss bei einer Evaluation der Erfolge solcher Lösungsmaßnahmen stets im Hinterkopf behalten werden. Kapitalschwache Farmer können häufig nicht die nötigen Mittel oder Investitionen aufbringen, um Nachhaltigkeit zu gewährleisten (ESWARAN, REICH & VEARASILP 2009: 13). Auf Grund ihrer Armut sind die indigenen Kleinbauern häufig nicht in der Lage beispielsweise Bestockungsraten zu reduzieren, während es kommerziellen Großfarmen, deren Existenzgrundlage auf mehreren Sektoren begründet ist, dagegen gelingt nachhaltig zu wirtschaften. Somit bildet die Etablierung *verschiedener* wirtschaftlicher Segmente zum Zwecke einer gesicherten Einnahmequelle zudem eine bedeutende Möglichkeit zur Reduzierung von Degradationserscheinungen und zur Verhinderung der Übernutzung von Ressourcen in Savannenökosystemen. Diese These wird auch durch das Experteninterview unterstützt. Laut Herrn Dr. KEMPF sind Rotationsweidesysteme vor allem in den Gebieten erfolgreich gewesen und gegenwärtig noch erfolgreich, in denen Krisenzeiten oder Trockenperioden auch anderweitig überbrückt werden können. Das Wirtschaftssystem der Farm sollte demgemäß nicht nur auf einem Segment, wie z. B. der Rinderzucht, beruhen (KEMPF 2011 Interview; siehe Anhang 7.5). Dies kann jedoch lediglich im kommerziellen Farmland mit hohem Kapitaleinsatz und Landreserven umgesetzt werden. Die im Rahmen dieser Arbeit vorgestellten Konzepte greifen hinsichtlich der Armutsproblematik der auf communal land lebenden indigenen Bevölkerung und der daraus resultierenden Ressourcenübernutzung zu kurz. In diesem Kontext kann das Conservancy-Konzept, welches auf Ansätzen der Politischen Ökologie beruht, vorgestellt werden. Das Conservancy-Konzept besagt, dass Degradationserscheinungen sowie Degradationsprävention in einem Netzwerk sozio-politischer Bezüge verankert werden müssen. Im Rahmen des Conservancy-Konzepts wird das Motto „Ressourcenschutz durch Nutzung“ verfolgt. Ziel bildet die Sicherung der Biodiversität und nachhaltige Nutzung natürlicher Ressourcen bei gleichzeitiger Verbesserung des Lebensstandards der einheimischen Bevölkerung (VORLAUFER 2007: 26). Der Ansatz der Conservancy-Konzepte sollte an dieser Stelle kurz erwähnt werden. Eine detaillierte Beschreibung würde allerdings den Rahmen der Arbeit sprengen.

4.1.3 Abschließende Reflexion

Insgesamt wird sowohl beim AHTINGschen System als auch beim Holistic Resource Management versucht eine angepasste Wirtschaftsweise zu verfolgen, um das naturräumliche Potential der Savannen zu bewahren (KEMPF 1994: 88). Wichtig zu erwähnen ist außerdem die Tatsache, dass für eine auf Nachhaltigkeit abzielende Bewirtschaftung insbesondere die Berücksichtigung indigenen Wissens notwendig ist (HORNETZ & JÄTZOLD 2003: 117). Auf der Suche nach Möglichkeiten zur Behebung der Landnutzungsmisere in Namibia müssen neben der Offenheit gegenüber moderner Entwicklungen verstärkt auch traditionelle Kenntnisse der lokalen Farmer und Erfahrungen der einheimischen Bevölkerung in Betracht gezogen werden (KEMPF 1994: 159). Es ist von Nöten, die Kleinbauern hinsichtlich grundlegender Entscheidungen, wie beispielsweise die Festlegung des richtigen Saatzeitpunkts zu Beginn der Regenzeit, zu integrieren, da diese über einen enormen Erfahrungsschatz verfügen (HORNETZ & JÄTZOLD 2003: 118).

4.2 Bodenmanagement – no tillage

Die Anbaumethode „no tillage", oder Direktsaat, wurde unter anderem von R. DERPSCH initiiert und ist bislang nur im Internet beschrieben (http://www.rolf-derpsch.com), weswegen keinerlei Anspruch auf wissenschaftliche Korrektheit und Verlässlichkeit besteht; im nachfolgenden Text wird diese Methode also lediglich vorgestellt, da sie eine interessante und angeblich sehr wirkungsvolle Methode im Rahmen eines Bodenmanagements darstellt; es wird keinerlei Garantie für die wissenschaftliche Richtigkeit übernommen.

Auf mehr als 117 Millionen Hektar weltweit wird heute das Anbausystem der Direktsaat erfolgreich angewendet, bei dem auf geringe bis keinerlei Bodenbearbeitung bei dauerhafter Bedeckung des Bodens geachtet wird. Ziel dieser Anbaumethode ist eine Erosionsverminderung bei steigenden organischen Gehalten innerhalb des Bodenkörpers, und somit Aufbau und Optimierung der Bodenstruktur. Eine Umstellung traditioneller Kultivierungsformen auf Direktsaat bedeutet jedoch nicht, die Bodenbearbeitung wegzulassen und alles andere beizubehalten, sondern fordert vielmehr eine komplette Systemumstellung und – anpassung. Dabei muss der zu kultivierende Boden zunächst analysiert werden und wird anschließend einer Kalkung und Gründüngung unterzogen. Anschließend soll die Bodenoberfläche eingeebnet und Bodenverdichtungen aus Viehtritt und maschineller Bearbeitung beseitigt werden. Besonders wichtig ist nun die Schaffung eines mächtigen Mulchhorizontes. Damit sind die Vorbereitungen für eine Umstellung auf Direktsaat geschaffen und die einzige Investition, die getätigt werden muss, ist die in eine Direktsaatmaschine.

Dabei gibt es zwei Varianten: einmal eine maschinelle auf Großbetriebe ausgelegt Maschine oder ein kleines, auf Subsistenzwirtschaft ausgelegtes Direktsaatgerät (siehe Abbildung 21), welches in die Bodendecke eindringt, um ein Saatkorn zu pflanzen, ohne jedoch den schützenden Mulchhorizont abzutragen. Nach der Umstellung auf einer zunächst nur kleinen Testfläche kann bei Erfolg nun das gesamte zu kultivierende Land mit der Methode der Direktsaat bearbeitet werden, wobei zur erfolgreichen Gründüngung Zwischenschichten und Fruchtfolgen eingeplant werden müssen. Was aber sind die Vorteile aus dieser doch sehr leicht uaus dieser doch sehr leicht umzusetzenden Anbaumethode? Durch die Verringerung oder sogar Vermeidung jeglicher maschineller Bodenbearbeitung werden Bodenverdichtung, laufende Kosten und Erosionsanfälligkeit des Bodens verringert. Darüber hinaus bietet auch die ganzjährige Bedeckung des Bodens durch Hauptanbaufrucht, Zwischenschichten und Fruchtfolgen weder Wind noch Wasser Angriffsfläche für mögliche Erosionen. Durch höhere Infiltrationsraten und Aufbau der Soil Organic Matter wird gleichzeitig die Flächenproduktivität des Bodens gesteigert. Sekundäreffekte sind weiterhin ein geringerer Sedimenteintrag in Vorfluter und damit höhere Leistungseffizienz von Wasserkraftwerken, die das Wasser der Vorfluter nicht mehr so intensiv filtern müssen. Zusammenfassend führt eine Umstellung auf Direktsaat zu einer Kostenreduktion der Erosionsmaßnahmen für Staat und Gesellschaft, bei gesicherter Flächenproduktivität der Böden (Homepage DERPSCH 2011).

Abb. 21: Direktsaatgerät.
Quelle: DERPSCH, R. (03.12.11).

5 Fazit

Namibias semiaride und vollaride Gebiete weisen, wegen ihres begrenzten naturräumlichen Potentials und der limitierten Regenerierbarkeit ein hohes Degradationsrisiko auf. Insgesamt wird deutlich, dass für Namibias enorm variablen Naturraum keine allgemein greifende Strategie zur Bekämpfung oder Reduktion von Land-Degradation formuliert werden kann. Stattdessen bedarf es einer Verortung kleinräumlicher Nutzungspotentiale und Inventarisation, auf deren Basis „Lokalstrategien mit größtmöglicher horizontaler und vertikaler Flexibilität" (KEMPF 1996: 276) gefunden werden können. Um Landdegradation erfolgreich bekämpfen zu können, bedarf es nicht, wie bisher, lediglich einer Reparatur und Beseitigung von Folgen oder Auswirkungen der Degradation. Stattdessen müssen Ursachen geklärt werden und die Wurzel des Problems identifiziert werden, damit erfolgreiche, nachhaltige und langfristige Lösungsansätze konzipiert werden können (Kempf 1994: 164). Darüber hinaus ist es enorm wichtig, die vorliegenden Konflikte und Probleme nicht allein aus eurozentrischer

Sicht zu betrachten, sondern durch eine intensive Auseinandersetzung mit herrschenden kulturellen und ethnischen Vorstellungen ein Verständnis für die ansässige Bevölkerung zu erlangen und in enger Kooperation mit dieser unter Berücksichtigung traditionellen „Vor-Ort-Wissens“ gemeinsam Lösungsmaßnahmen zu entwickeln und umzusetzen, um Degradierung entgegenzuwirken. Im Rahmen der Entwicklungszusammenarbeit muss behutsam darauf geachtet werden, dass ausländische Fachleute zur Beratung im Zuge der Degradationsproblematik nicht der Gefahr verfallen, eigene Wert- und Kulturvorstellungen auf das jeweilige Entwicklungsland zu übertragen. Planung, Entwicklung und Nutzung müssen unter einem holistischen Ansatz vereint werden, um durch nachhaltiges Management und im Dialog aller Beteiligten unter gesteigerter Integration einheimischer Bevölkerung die Übernutzung von Ressourcen zu verhindern (DE WRACHIEN 2002: 30).

Dies gelingt nur unter hohem Zeit- und Kapitaleinsatz und dem Bewusstsein, dass es nicht eine Schlüssellösung gibt, sondern vielmehr jede Degradierung individuell im Rahmen der herrschenden sozioökonomischen aber auch naturräumlichen Bedingungen behandelt und bekämpft werden muss. Dies bestätigt auch das Experteninterview mit Herrn Doktor Jürgen KEMPF (siehe Anhang 7.5), der als Einblick in die Situation vor Ort befragt wurde. Ihm möchten wir, genauso wie Herrn Univ.-Prof. Mag. Dr. Cyrus SAMIMI, herzlich für die Kooperation und Hilfsbereitschaft im Rahmen dieser Hauptseminarsarbeit danken.

6 Literaturverzeichnis

BÄHR, J. (1968): Kulturgeographische Wandlungen in der Farmzone Südwestafrikas. In: VOIGT, H. (Hrsg.): Bonner Geographische Abhandlungen. Bonn.

BOLLIG, M. und M. J. CASIMIR (2002): Ökologische Grundlagen der mobilen Weidewirtschaft der Himba in Nord-Namibia. In: BOELIG, M., BRUNOTTE E. und T. BECKER (Hrsg.): Interdisziplinäre Perspektiven zu Kultur- und Landschaftswirtschaft im ariden und semiariden Nordwest Namibia. Kölner Geographische Arbeiten. Heft. 77. Köln. 207 - 219.

BOMMER, D. (1965): Möglichkeiten der Weideverbesserung. In: KNAPP, R (Hrsg.): Weidewirtschaft in Trockengebieten. Gießen. 115 – 125.

BRECKLE, S. und H. WALTER (1999): Vegetation und Klimazonen. Stuttgart.

BULL, L. J. und M. J. KIRKBY (2003): Dryland rivers: Hydrology and geomorphology of semi-arid channels. West Sussex.

DE WRACHIEN, D. (2002): Sustainable Land Use: The role of agricultural Engineering. In: Advanced GeoEcology 35.

ESWARAN, H., REICH P. and T. VEARASILP (2009): Perspectives on Desertification during the Anthropocene. In: FAZ CANO et al. (Eds.): Advances in GeoEcology. Vol. 40. Reisenkirchen.

GELLERT, J. F. (1971): Die Rolle des Klimas und der natürlichen Vegetation bei der Entwicklung der Weidewirtschaft in den semiariden Tropen Afrikas – dargestellt am Beispiel des Hochlandes von Südwestafrika (Namibia) und der Provinzen Kordofan und Darfur der DR Sudan. In: Petermanns geographische Mitteilungen. Gotha. 274 - 281.

GIBSON, J. (2009): Grasses and Grassland ecology. New York.

HORNETZ, B. und R. JÄTZOLD (2003): Savannen-, Steppen- und Wüstenzonen. Natur und Mensch in Trockenregionen. In: Das Geographische Seminar. Braunschweig.

IBRAHIM, F. N. (1984): Savannen-Ökosysteme. In: Geowissenschaften in unserer Zeit. 2 Jahrg. Heft 5. Weinheim.

IBRAHIM, F. N. (1985): Nutzung von Savannenökosystemen im Sudan. In: Praxis Geographie. Heft 11.

JÄTZOLD, R. (1985): Savannengebiete der Erde. Ursprüngliche Bedingungen, heutige Zustände und künftige Möglichkeiten. In: Praxis Geographie. Heft 11.

JÜRGENS, U. und J. BÄHR (2002): Das südliche Afrika. Gesellschaftliche Umbrüche zu Beginn des 21. Jahrhunderts – Zusammenwachsen einer Region im Schatten Südafrikas. Gotha.

KEMPF, J. (1994): Probleme der Land-Degradation in Namibia. Ausmaß, Ursachen und Wirkungsmuster dargestellt anhand ausgewählter Untersuchungsgebiete. In: Würzburger Geographische Manuskripte, Heft 31.

KEMPF, J. (1996): Land-Degradation in Namibia nördlich des Wendekreises: eine Problemskizze. In: BLÜMEL, W.-D. et al. (Hrsg.): Die Erde. Berlin.

KER, A. (1995): Farming Systems of the African Savanna. A Continent in Crisis. Ottawa.

KRÜGER, F. und C. SAMIMI (2010): Entwicklung und Umwelt im südlichen Afrika. Chancen und Herausforderungen des gesellschaftlichen und ökologischen Wandels. Geographische Rundschau 6. 4 - 10.

LANGEVELDE, F et al. (2003): Effects of fire and herbivory on the stability of savanna ecosystems. In: ecology band 84. Washington DC.

LE ROUX, J. (2011): The effect of land use practices on the spatial and temporal characteristics of savanna fires in Namibia. Erlangen.

LESER, H. (1975): Weidewirtschaft und Regenfeldbau im Sandveld. In: Geographische Rundschau 27.

MAURER, U. (1995): Nutzungspotential und Landdegradation im semi-ariden Namibia. Ein Beitrag zur Desertifikationsforschung. In: Der Tropenlandwirt. Heft 55. Göttingen.

MIEHLICH, G. (2003): Die Bekämpfung der Bodendegradation- eine weltweite Herausforderung. IN: PGM Zeitschrift für Geo- und Umweltwissenschaften. Ausgabe 147. Heft 3. Gotha.

MÜLLER-HOHENSTEIN, K. (1981): Die Landschaftsgürtel der Erde. Stuttgart.

NÜSSER, M. und C. SAMIMI (2006): Politische Ökologie im südlichen Afrika: Problemkontexte, Ursachen und Konsequenzen. In: KULKE, E., MONHEIM, H. und P. WITTMANN. (Hrsg.): Grenzwerte. Tagungsbericht und wissenschaftliche Abhandlungen 55. Trier. 671 - 677.

ROTHFUSS, E. (2011): Mobilität als Nachhaltigkeit: Zur Sozialökologie halbnomadischer Kulturweise der Himba am Wüstenrand von Nordwest-Namibia. In: GLASER, R., KREMB, K. und A.W. DRESCHER (Hrsg.): Afrika. 2. Auflage. Darmstadt.

SAMIMI. C. (2007): Umweltdegradation und Ressourcenschutz im südlichen Afrika. In: HÜSER, K. & H. POPP (Hrsg.): Ökolgie der Tropen. Bayreuther Kontaktstudium Geographie, Bd. 4. Bayreuth. S. 45 - 59.

SAMIMI, C. und H. WAGENSEIL (2007): Woody vegetation cover in Namibian savannahs: A modelling approach based on remote sensing. In: Erdkunde. Bd. 61. Heft 4. Bonn. 325 – 334.

SCHEFFER, F. und P. SCHACHTSCHABEL (2010): Lehrbuch der Bodenkunde. Heidelberg.

SCHROEDER, F.- G. (1998): Lehrbuch der Pflanzengeographie. Wiesbaden.

SCHULTE. A. (2002): Stabilität oder Zerstörung? Veränderungen der Vegetation der Kaokolandes unter pastoralnomadischer Nutzung. In: BOELIG, M., BRUNOTTE E. und T. BECKER (Hrsg.): Interdisziplinäre Perspektiven zu Kultur- und Landschaftswirtschaft im ariden und semiariden Nordwest Namibia. Kölner Geographische Arbeiten. Heft. 77. Köln. 101-118.

SCHULTZ, J. (2002): Die Ökozonen der Erde. Stuttgart.

SKARPE, C. (2000): Desertification, no-change or alternative states: Can we trust simple models on livestock impact in dry rangelands? In: BAKKER, J. P. et al. (eds.): Applied Vegetation Science. Vol. 3. Issue 2. Uppsala. 261-268.

VORLAUFER, K. (2007): Kommunale Conservancies in Namibia: Ansätze der Biodiversitätssicherung und Armutsbekämpfung? In: Erdkunde. Bd. 61.

WAGENSEIL, H. (2002): Großräumige Analyse von Verbuschungsflächen mit NOAA AVHRR-Daten im Etoscha Nationalpark, Namibia. Erlangen.

WAGENSEIL, H. (2008): Savannen im Satellitenbild: Ein Ansatz zur Modellierung von Gehölzdichte und Verbuschung in Namibia. Erlangen.

WAHL, N. A. (2003): Schätzung der Bodenwasserspeicherkapazität durch Simulation der genutzten Dornbuschsavanne in Namibia. In: NAGEL, F. N. (Hrsg.): Mitteilungen der Geographischen Gesellschaft in Hamburg. Bd. 94. Stuttgart.

WALTHER, G. (2002): Einfluss der Beweidung auf afrikanische Savannen-Ökosysteme. In: Berichte der Reinhold-Tüxen-Gesellschaft. Bd. 14. Hannover. 131-143.

7 Anhang

7.1 Feuchtsavanne

Titel: Feuchtsavanne.
Quelle: Geographie Infothek des Klettverlags (2004).
http://www.klett.de/sixcms/media.php/76/feuchtsavanne_tansania_rich.jpg
am 09.12.11.

7.2 Trockensavanne

Titel: Trockensavanne.
Quelle: Academic Dictionaries and Encyclopedias (2000).
http://de.academic.ru/pictures/dewiki/116/tarangire-natpark800600.jpg
am 05.12.11.

7.3 Dornstrauchsavanne

Titel: Dornstrauchsavanne.
Quelle: Universität Stuttgart (2007).
http://www.geographie.uni-stuttgart.de/exkursionsseiten/Namibia_2007/images/landschaft_geologie/4_1.jpg
am 09.12.11.

7.4 Beispiel für Verbuschte Flächen in Namibia

Titel: Verbuschtes Land.
Quelle: Universität Stuttgart (2007).
http://www.geographie.uni-stuttgart.de/exkursionsseiten/Namibia_2007/mensch_kultur_4.php
am 08.12.11.

7.5 Experteninterview

Experteninterview mit Herrn Dr. Jürgen Kempf, Universität Würzburg, vom 10.12.11.

1. Was sind Ihrer Meinung die gravierendsten Hauptursachen von Degradation Savannenökosystemen?

Hauptursachen von Land-Degradation in Savannen ist das Ersetzen der natürlichen Vielfalt an Konsumenten und Konsumenten-Strategien (Wild, Großsäuger) durch eine Beweidungs-Monokultur (i. d. R. Rinder und/oder Ziegen/Schafe). Dazu kommen falsche, weil unangepaßte Beweidungstechniken, nicht auf die Tragfähigkeit ausgerichtete Bestockungszahlen und vor allem mangelhafte Kenntnisse über die Tragfähigkeit der Weide. Regional spielt auch der Ausschluß von Feuer, oder der falsche Einsatz von anthropogenen Feuern eine Rolle.

2. Welche Hauptdegradationsursachen lohnen sich, Ihrer Einschätzung nach, bekämpft zu werden?

Ansetzen kann und sollte man in erster Linie bei der mangelnden Kenntnis über komplexe, oft nicht-lineare Systemzusammenhänge in Savannenökosystemen. Die oft getroffene und von Technischen Beratern häufig vertretene Annahme, es gäbe für alle Landnutzer einen einheitlichen Königsweg, oder einen durchdachten Katalog von Lösungsstrategien ist grundsätzlich falsch. Für jede einzelne Nutzungseinheit muß vielmehr eine regional angepaßte Strategie mühsam erarbeitet werden. Oft ist eine Totalaufnahme sämtlicher Ökosystem-Ressourcen und der dominierenden Prozeß kombinationen unumgänglich. Das ist allerdings aufwendig und teuer.

3. Wo müsste man, Ihrer Meinung nach, ansetzen, um ein erfolgreiches Degradationsmanagement zu erzielen?

Anzusetzen wäre bei der Schulung des jeweils zuständigen Agricultural Extension Service mit Train-the-Trainer-Maßnahmen.

4. Sie stellen in Ihrem Werk "Probleme der Land-Degradation in Namibia: Ausmaß, Ursachen und Wirkungsmuster - dargestellt anhand ausgewählter Untersuchungsgebiete" die drei Ansätze "Conservation Farming", "Athingsche System der Hortisilvipastoralkultur" sowie " Holistic Resource Management" vor. Können Sie einschätzen, wie und ob diese in der Realität Erfolg verzeichneten?

Conservation Farming:
Dabei handelt es sich um eine Luxus-Strategie, die heute bei der Rinderzucht in Namibia m. W. kaum oder gar nicht mehr angewandt wird. Die Ursache hierbei ist darin zu sehen, dass es finanziell für einen marktwirtschaftlich orientierten Farmbetrieb unter Preisdruck kaum noch möglich ist, unterhalb der durchschnittlichen Tragfähigkeit zu bestocken, auch wenn das in einem hochvariablen System wünschenswert, oder gar notwendig wäre. Die namibische Regierung besteuert Farmland heute nach der ermittelten Tragfähigkeit und es gibt wohl keinen Farmer, der Steuern für Rinder

zahlen möchte, die er aus konservatorischen Gründen gar nicht hat. Viele der Farmen, die noch bis Mitte der 1990er Jahre zumindest teilweise Conservation Farming betrieben haben, bewirtschaften heute als Wild-, Jagd- und Gästefarm auf anderen Grundlagen. Rinder spielen dort meist keine Rolle mehr.

Ahtings System:
Wurde von dem Outjoer Farmer Harm Ahting entwickelt und war bis ca. 2006 auf seiner Farm sehr erfolgreich und wurde auch, zumindest in Teilen, von anderen kopiert. Gerade im zentralen Hochland zwischen Outjo, Otavi, Otjiwarongo, Tsumeb, Grootfontein und Waterberg gibt es noch eine Reihe von Farmer, die auf den von Ahting eingeschlagenen Weg der vertikalen Flexibilisierung erfolgreich setzen.

HRM:
Holistic Resource Management hatte unterschiedliche Erfolge, war aber insgesamt trotz seiner intrinsischen Flexibilität zu starr, weil es nur selten an die jeweilige Region angepaßt wurde. High Impact Grazing kann - das wissen wir heute - nicht überall und auf jedem Boden mit gleichem Qualitätserfolg eingesetzt werden. Einer der Hauptvertreter,der Farmer Argo Rust auf Farm Sonnleiten/Ondekaremba (gleich beim Flughafen), mußte infolge einer zweijährigen Dürre den Betrieb einstellen und hat ihn nicht wieder mit HRM aufgenommen. Ein weiterer prominenter Vertreter, Henner Volkmann auf Jakkals Omuramba, ist leider verstorben, der Betrieb wurde verkauft. HRM wird heute aber noch von einer recht standhaften Gruppe angewandt, die sich aber meist außerhalb der etablierten Farmvereinigungen stellt und deswegen von "Normalfarmern" oft belächelt oder sogar bekämpft wird. HRM beruht zu einem Gutteil nicht nur auf farmerischen Kenntnissen, sondern auf einer bestimmten Lebenseinstellung. Nach meinen eigenen Aufnahmen funktioniert HRM mit den besten Ergebnissen auf nicht zu sandigen, eher "alten" Böden, z. B. auf dem Neudammer Hochland, dem Otavi Bergland, oder dem Hochlandsscheitel, weniger auf sandigeren Böden, wie z. B. im Bereich der Kalahari. Dort erzeugt HRM eine erhöhte Tendenz zur Verbuschung, also zu einer Form der Degradation, wobei HRM-Farmer in Dornbusch prinzipiell keinen "Gegner" sehen, obwohl der die Tragfähigkeit signifikant herabsetzt.

5. Ist die Forderung nach Reduktion der Viehbestockungszahlen aus kulturellen und ökonomischen Gründen (Rinder als Statussymbol und als Existenzsicherung) in der Realität überhaupt möglich bzw. wird es überhaupt umgesetzt?

Wie schon erwähnt, ist auch die Reduktion der Bestockungszahlen kein Königsweg, der in jedem Fall Land-Degradation verhindert, oder degradierte Flächen meliorisiert. Oft wird dadurch sogar die Situation selbst noch verschlechtert, weil auf degradierten Weiden andere Prozesse ablaufen, als auf intakten Savannen-Weiden. Der Viehbestand richtet sich idealerweise nach der realen Tragfähigkeit des Gesamtssystems und nach dessen "Elastizität" - also der Fähigkeit, nach einer Krise wieder in den Ausgangszustand zu regenerieren. Abstockung, als vertikale Maßnahme ist in der Regel wenig geeignet für kurzfristige Reaktionen auf sich verändernde Bedingungen in einem hochvariablen System. Bestockung unterhalb der Tragfähigkeit kann also genauso zu (anderen) Degradationsprozessen führen, wie Überstockung.

6. Wie schätzen Sie einerseits die Akzeptanz durch die Bevölkerung und andererseits den Erfolg von Lösungsmaßnahmen hinsichtlich Degradationserscheinungen in subsaharischen Savannensystemen ein?

Landnutzer wissen über das von ihnen bewirtschaftete Land oft weit mehr, als jeder Consultant von außerhalb. Akzeptanz beruht daher in quasi allen Fällen auf Beteiligung am Beratungsprozess. Der Lösungsweg muß regional entwickelt und angepaßt werden. Scheitern beruht in allen Fällen auf der Verwendung unangepaßter Strategien von außen. Dies wurde erst in jüngerer Zeit überhaupt erkannt, so dass zukünftig in fortschrittlichen Projekten mit steigender Akzeptanz zu rechnen ist.

7. Sind Maßnahmen der Rotationswirtschaft erfolgreich gewesen bzw. ist/war sie so schonend und sinnvoll wie in der Literatur dargestellt?

Die Rotationsweidesysteme sind eine historisch gewachsene Entwicklung auf Basis lokaler Erfahrungen. Sie sind in der Vergangenheit vor allem dort erfolgreich gewesen (und noch erfolgreich), wo Krisenzeiten kurzfristig auch anderweitig überbrückt werden können, das Wirtschaftssystem der Farm also nicht nur auf einem Segment (z. B. Rinderzucht) beruht. Das ist vor allem im kommerziellen Farmland mit hohem Kapitaleinsatz und Landreserven der Fall. Die Transhumanz traditioneller Pastoralgesellschaften ist letztlich auch nichts anderes, als eine Form der Rotationsweide. Völlig freien Nomadismus gibt es hier nicht (und wird es auch in Zukunft nicht geben).